数智化时代产业智联生态系统创新理论研究丛书

丛书主编
明新国　张先燏

智能产品的
创新生态系统
构建及运行理论与方法

明新国　尹　导　张先燏
著

上海科学技术出版社

内 容 提 要

本书以消费品领域智能产品的创新生态系统（smart product innovation ecosystem, SPIE）为对象,围绕智能产品的创新生态系统构建、运行和评价等关键问题展开系统化研究。全书共 8 章,第 1～7 章分别从智能产品的创新生态系统概述,智能产品的创新生态系统的构建及运行理论框架、生态共建、资源共享、价值共创、系统共生、创新共赢的理论与方法进行了详细的阐述。第 8 章以智能座舱的创新生态系统为例,验证了以上内容的可行性,并取得了良好的效果。本书可为科技创新型企业构建、运营和评价智能产品的创新生态系统提供参考。

图书在版编目（ＣＩＰ）数据

智能产品的创新生态系统构建及运行理论与方法 / 明新国, 尹导, 张先燏著. -- 上海 : 上海科学技术出版社, 2024.1
（数智化时代产业智联生态系统创新理论研究丛书 / 明新国, 张先燏丛书主编）
ISBN 978-7-5478-6385-5

Ⅰ. ①智… Ⅱ. ①明… ②尹… ③张… Ⅲ. ①智能技术－应用－产品设计－研究 Ⅳ. ①TB472

中国国家版本馆CIP数据核字(2023)第197144号

智能产品的创新生态系统构建及运行理论与方法
明新国　尹　导　张先燏　著

上海世纪出版(集团)有限公司
上海科学技术出版社 出版、发行
(上海市闵行区号景路 159 弄 A 座 9F－10F)
邮政编码 201101　　www.sstp.cn
上海普顺印刷包装有限公司印刷
开本 710×1000　1/16　印张 13
字数：200 千字
2024 年 1 月第 1 版　2024 年 1 月第 1 次印刷
ISBN 978－7－5478－6385－5/TB·17
定价：95.00 元

前言

随着智能技术的发展和应用，人类社会正迈向万物互联的智能社会。智能产品，如智能穿戴设备、智能汽车、智能手机、智能医疗机器人等正加速改变人们的生活。与传统产品相比，智能产品具有智能、互联、人机交互、情境感知、自主、服务化等特点。用户需求由追求产品功能和服务转向交互体验和情境价值，这为智能产品创新带来了新的挑战。企业必须从产品开发思维向生态系统思维转变，与其他创新主体建立合作伙伴关系共同创新，围绕智能产品构建创新生态系统，使创新资源从产业链循环走向创新生态大循环，共同为用户持续创造价值，提供智能产品、服务及体验。

智能产品兼具产品和服务特征，可视为一种智能化复杂产品系统（complex product system，CoPS），包含便于传输信息的零部件、机械/电气零部件、传感器、数据存储、硬件、软件、微处理器、连接器等。智能产品创新属于知识密集型工作，融合了产品创新、服务创新和体验创新，涉及多学科和多技术（如智能芯片设计），需要多个创新主体合作完成。企业层面的竞争形态已从企业之间的竞争转向企业所处生态系统之间的竞争。企业需要运用生态系统思维方式来转型，和用户、合作伙伴、竞争对手等进行协同创新，实现产品创新和服务交付。因此，为了保持竞争力企业必须加入或者构建智能产品的创新生态系统。

本书以消费品领域智能产品的创新生态系统（smart product innovation ecosystem，SPIE）为研究对象，以智能产品创新范式进入创新生态系统时代、平台型创新企业涌现、工业企业转型需求三个方面为研究背景，以智能产品的创新生态系统构建及运行为核心目标，针对工业需求中如何构建智能产品创新生态系统、如何解决创新资源分享中知识产权保护问题、如何合理分配共创价值、如何保持生态系统主体间共生关系、如何有效评价创新绩效等问题,围绕智能产品的创新生态系统构建及运行理论框架、生态共建、资源共享、价值共创、系统共生、创新共赢六个方面提出一套完整的、系统化的理论与方法。

本书是作者在产品研发创新和创新生态系统领域多年研究成果的积淀,其内容反映了当前国际前沿理论研究和复杂产品/系统制造企业向智能产品的创新生态系统主导者转变的实践。本书兼有理论性和实践性,其中第8章的示例避免了内容的枯燥和空洞。本书既可以作为企业和政府管理人员的培训教材、高等院校相关专业的参考教材,也可以作为从事复杂产品/系统制造业相关人员的参考用书。

上海交通大学机械与动力工程学院的明新国教授、尹导博士、张先燏博士参与了全书的编著工作。感谢上海交通大学机械与动力工程学院的孙兆辉、廖小强、蒋泓玮等博士生,船舶海洋与建筑工程学院的陈志华博士,设计学院的周彤彤博士等人,他们参与了全书的整理与修订工作。同时,感谢大规模个性化定制系统与技术全国重点实验室陈录城、盛国军、鲁效平等专家对本书的指导与支持。

作 者

2024 年 1 月

目录

第1章 智能产品创新生态系统概述

随着智能技术的发展和应用，人类社会正迈向万物互联的智能社会[1]。智能产品正加速改变人类生活[2]，如智能穿戴设备、智能汽车、智能手机、智能医疗机器人等。与传统产品相比，智能产品具有智能、互联、人机交互、情境感知、自主、服务化等特点[3]。在消费品领域，用户需求由追求产品功能、服务质量、个性化体验向追求智能产品带来的成果转变。产业经济形态则由产品经济、服务经济、体验经济迈向成果经济[4]。成果经济背景下，智能产品[5]正从单品智能向互联智能和场景智能转变，即根据用户场景进行智能产品与服务组合，为用户带来连续场景体验。

1.1 智能产品创新生态系统的发展背景

1）智能产品创新范式进入创新生态系统时代

智能产品兼具产品和服务特征，可视为一种智能化复杂产品系统（CoPS），包含便于传输信息的零部件、机械/电气零部件、传感器、数据存储、硬件、软件、微处理器、连接器等。智能产品创新属于知识密集型工作，融合了产品创新、服务创新和体验创新，涉及多个学科和技术领域（如智能芯片设计），需要多个创新主体合作完成。企业必须从产品开发思维转向生态系统思维，围绕智能产品构建创新生态系统，与其他创新主体建立合作伙伴关系共同创新，使创新资源从企业内循环走向企业内、外双循环[6]。企业层面的竞争形态已从企业之间竞争转向企业所处生态系统之间竞争[7]。企业需要运用生态系统思维方式来转型，和用户、合作伙伴、竞争对手等协同创新，实现产品创新和服务交付。因此，企业必须加入或者构建智能产品的创新生态系统[8]，才能保持竞争力。

近些年,"创新生态系统"概念[9]受到产业界和学术界广泛关注[10]。创新生态系统模式为企业解决跨组织协同创新问题提供了一种新思路,促进了创新资源在生态系统范围内流动、集成、配置和循环[11]。创新生态系统模式下,创新效率超越了企业内线性创新模式和企业间网状创新模式[12]。产品创新与生态系统创新的结合,能弥补现有智能产品创新模式的不足,通过汇聚异质创新资源和创新主体,盘活创新"存量",激发创新"增量",实现创新成果不断涌现,为各方创造更大价值。

2) 平台型创新企业涌现

当前,制造业正进行数字化、网络化、智能化转型升级,创新生态[13]和平台思维[14]得到产业界重视。国内外一些优秀企业已进行平台生态系统尝试[15],如图1-1所示。

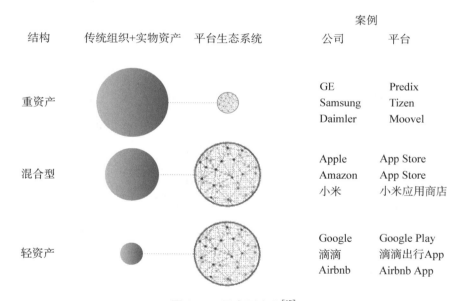

图1-1 平台型企业[15]

国外平台型企业典型代表有美国通用电气公司、苹果公司,韩国三星公司等。国内平台型企业典型代表有海尔、小米、华为等。海尔集团创始人张瑞敏强调建立共创共赢生态圈,并提出了"人单合一2.0"模式,其中"人"即员工,"单"即用户。海尔基于开放式创新 HOPE 平台打造了智慧家居生态系统,与外界进行广泛合作,开发了海尔智能冰箱等新产品。在智能手机领域,小米公司充分发挥用户参与创新的优势,同时通过与生态链企业合作,打造智能硬件生态系统;华为公司聚焦于信息通信技术基础架构产品和解决方案,正集聚各方力量构建"开放、协作、共赢"的创新生态系统,面向潜在合作企业推出了伙伴计划,如"鲲鹏展翅伙伴计划""鲲鹏凌云伙伴计划"等。

3)工业需求未被满足

虽然已有一些围绕智能产品的生态系统实践案例,但是大多数企业围绕单品智能构建产品平台生态系统、商业生态系统或服务生态系统,目前尚缺少面向智能产品的创新生态系统。工业企业在向创新生态系统运营者转型过程中,存在以下需求和问题亟待解决:

(1)如何构建智能产品的创新生态系统并形成良性创新生态的机制尚不清晰。

现有生态系统大多数由供应链拓展而成,核心企业基于已有的产业上下游合作伙伴,不断吸纳新的创新主体,但对智能产品的创新生态系统全貌、核心要素、要素关联关系和内在形成机理缺乏理论认识,对生态伙伴的选择标准不统一。

(2)如何满足用户连续多场景需求,提高创新生态系统资源利用率,同时在分享创新资源时如何兼顾知识产权保护的问题未得到有效解决。

现有生态系统大多聚焦在用户对产品的功能或服务需求上,部分企业虽然考虑到用户的体验需求,但缺少对用户多场景需求的考虑。现有的中心化创新资源分享模式存在缺陷,如汽车领域,主机厂和供应链企业之间在数据资源共享方面存在壁垒。因此,亟待设计一种既利于创新资源拥有者分享数据,又保护其知识产权的机制。

(3)如何提高创新生态系统共创价值分配的公平性,合理地设计和分配共创价值未得到有效解决。

在分配利益时,核心企业占据绝对优势和话语权,缺乏一种动态分配机制,以调动共创主体的积极性。

(4)如何协调创新主体之间的合作关系以维护系统稳定性,实现创新生态系统的持续进化机制没有得到有效解决。

现有生态系统对创新主体的关系管理基于供应商关系管理和用户关系管理,对创新主体之间的冲突和矛盾管理缺乏有效方法。对创新生态系统的进化机制理解不深,亟须研究智能产品的创新生态系统进化机理。

(5) 如何识别影响智能产品的创新生态系统可持续健康发展的关键因素尚不清楚,亟须建立有效评价方法评估智能产品创新生态系统的过程绩效和结果绩效。

现有生态系统的评价指标存在缺陷,大多数从产出角度评价生态系统的好坏,缺少对影响生态系统发展关键因素的分析,亟须建立和完善的综合评价指标与评价方法,以反映生态系统的运行状态,并及时改进和提升。

以上问题的解决首先需要开展智能产品的创新生态系统构建及运行相关理论与方法研究。虽然现有文献对智能产品、创新生态系统等方面进行了大量研究,但是将两者融合起来形成的系统性成果仍然很少。到目前为止,缺少对智能产品领域创新生态系统进行展开研究的文献。大多数创新生态系统方面的研究聚焦在战略管理[16-17]、技术管理[18]和平台研究[19]上,缺乏从创新生态系统角度讨论智能产品创新的成果。因此,把这两者结合起来进行展开,将加深对创新生态系统模式下智能产品创新的理解,为企业构建和运营创新生态系统或加入已有创新生态系统提供参考。

1.2 智能产品创新生态系统的国内外研究现状

本节以"智能产品(smart product)""生态系统(ecosystem)""创新生态系统(innovation ecosystem)""资源共享(resource sharing)""价值共创(value co-creation)""共生(symbiosis)""共同进化(co-evolution)"等关键词进行文献检索,将已有成果归纳为以下几个方面。

1.2.1 理论框架研究

1.2.1.1 创新理论

1) 创新的本质及分类

创新是一种产生新的或更大价值的创造性活动,如产生新产品、新服务或资本、新的客户价值、新的客户基础、新的价值链效率、新的商业模式五种结果[20]。

创新的形式可分为技术创新、流程创新、产品创新、市场创新、管理创新、商业模式创新以及组织创新[16]。Klarin[21]描绘了产品创新和服务创新,并分为八大类,即颠覆式创新、渐进式创新、破坏式创新、节俭式创新、价值创新、逆向创新、模仿创新、替代式创新。从创新目的角度,Lee[22]把创新分为两类,分别是组织层面价值创造的创新和社会层面的创新,后者依赖于所有利益相关方的共同创新来创造一个智慧未来。

2) 创新范式

创新范式[23]经历了封闭式创新(创新 1.0)、开放式创新[24](创新 2.0)、网络化协同创新[25](创新 3.0)、群体共同创新(创新 4.0)等模式变化。在此基础之上,Chen 等提出了全方位创新[26]。创新形式经历了五个阶段[27],即技术推动型、市场拉动型、技术和市场混合型、技术和市场互动型、网络型。创新已经从线性形式转向网络化和生态系统形式。Madsen[28]从生态系统角度展示了商业模式创新。Tsujimoto[29]等人回顾了技术和创新管理领域中生态系统相关文献,并把研究视角归纳为四类:工业生态视角、商业视角、平台管理视角和多主体网络视角。

3) 创新相关理论

最近十年,开放式创新理论和协同创新理论作为热点,吸引了大量学者、产业界和政界的关注。开放式创新(open innovation)最早由 Chesbrough 提出[24]。网络化协同创新(collaborative innovation)[25]理论强调多主体共同参与,形成协同效应。陈劲[30]提出了协同创新系统概念。协同产品创新[31]包括客户协同产品创新、供应链协同产品创新[32],均从产品创新的角度研究传统功能型产品的创新过程。

此外,群体创新理论和价值共创理论,也受到研究人员的关注,包括众包[33]、群智创新[34]、客户共创[35]、整合创新、分布式创新、合作创新等。

大量文献对客户协同产品创新进行了研究,包括总体框架、客户选择与评价、创新绩效、创新收益分配等,缺少对智能产品的服务创新和体验创新进行研究。现有文献聚焦于产品创新或服务创新,鲜有文献从生态系统角度讨论产品和服务集成创新。尽管创新网络被不少学者研究[36],数字化时代背景下创新管理机制以及共同创新的基础设施建设(如创新平台)仍有待探究。

1.2.1.2　生态系统理论

1) 生态系统的定义及分类

生态系统(ecosystem)的概念最早由英国生态学家 Tansley(1935)提出,它指在一定时间和空间范围内,生物群落与其周边环境组成的一个有机整体,系统内各成员通过物质流、能量流和信息流相互联系、相互作用、相互依存,形成一个具有特定大小和特定结构的功能复合体。

学术界对生态系统进行了充分研究[37,38],除了自然生态系统之外,还包括产品生态系统[22]、企业生态系统、技术创新生态系统、商业生态系统[39,40]、平台生态系统[14]、知识生态系统[41]、服务生态系统[42,43]、创业生态系统[44]、数字化生态系统[45,46]、创新生态系统[9,47]等类型。Gupta[45]等讨论了商业生态系统、创新生态系统和数字生态系统的特征以及三者之间的知识分享。结合现有文献,本文对比了产品生态系统、服务生态系统、知识生态系统、商业生态系统、创新生态系统和数字生态系统等六种生态系统的差异和相似点,如表 1-1 所示。

2) 生态系统理论

生态系统理论既包括生态学、生物学方面的理论,也包括复杂系统方面的理论。生态学理论、共生理论、生物进化理论(遗传、变异、选择等)、自组织理论(协同学、耗散结构)。Jacobides[48]从互补性和通用性的角度定义了生态系统理论。

生态系统形成和进化方面,Roundy[49]等人运用复杂自适应系统方法研究了创业生态系统的产生机理。一些学者研究了生态系统进化机制,包括制造服务生态系统[50]和数字化创新生态系统[51]。

生态系统治理方面,网络管理[44]和平台策略[17,52]是常用的方法。越来越多的生态系统成为基于平台的生态系统。Mukhopadhyay 等[53]提出了平台生态系统的三个关键属性,即模块化架构、技术开放性、网络结构。Tura 等人[54]研究了平台设计的四个关键要素,即平台架构、平台治理、竞争逻辑、价值创造逻辑。平台的网络效应和协同效应也受到学者们的关注[55]。

研究发现,生态学理论被广泛应用在社会学科、工业生态领域、管理领域,但较少应用于智能产品创新领域。现有关于生态系统管理的文献聚焦在战略管理,信任管理、风险管理、安全管理、不确定性管理、资源管理和冲突管理等方面有待进一步研究。尤其在数字创新生态系统领域,缺少对赛博空间、物理空间以及社会空间融合情境下的生态系统治理研究。

表 1-1 六种生态系统系统对比

要素	产品生态系统	服务生态系统	知识生态系统	商业生态系统	创新生态系统	数字生态系统
代表性文献	Lee[22]	Alaimo[42]、Zheng[43]	Van der Borgh[41]	Rong[39]、Presenza[40]	Granstrand[9]、Gomes[47]	Gupta[45]、Subramaniam[46]
目标	产品开发与交付	服务设计与交付	知识增值	价值共创、价值增值	价值增值、知识增值	数字产品或服务
关键相关利益方	客户、设计师、制造商、供应商	企业、服务提供商、供应商、客户	高校、科研院所、企业、政府	企业、客户、供应商、政府	企业、科研院所、资本、政府	企业、科研院所、开发者
传递	物质、能量、信息、知识	物质、能量、信息、知识	知识	价值	物质、能量、信息、知识	数据、信息、知识
线性关系	供应链	服务链	知识链	供应链、价值链	创新链	数据链
网络连接	价值网络	服务网络、社会网络	知识网络	价值合作网络	创新网络	信息网络、协同网络
基础设施	产品开发平台	服务平台	知识服务平台	电商平台	创新平台	数字化平台
资源分享	技术资源	服务资源	知识资源	价值	创新资源	软件资源
价值焦点	新产品	新服务	新知识	新价值	新知识、新价值	数字产品或服务
动态性	共同进化	共同进化	共同进化	共同进化	共同进化	共同进化

1.2.2 研究现状总结

1）研究现状

国内外学者在协同产品创新、创新生态系统等领域进行了深入研究,为智能产品的创新生态系统研究提供了理论指导和方法基础。研究发现,智能产品的创新生态系统是创新生态系统在智能产品领域的最新拓展之一。开展智能产品的创新生态系统研究是一项充满挑战性的工作,但该研究处于起步阶段,尚未形成体系化的成熟总体框架。从现有研究来看,尚存在以下局限性:

研究对象上,缺少以核心企业主导的智能产品的创新生态系统为研究对象的系统性成果。一方面,已有关于企业创新生态系统的研究集中在商业生态系统、服务生态系统和知识生态系统,但较少对智能产品创新生态系统进行展开研究。另一方面,现有的协同产品创新研究大多局限在产品方案设计或产品交付之前,对于交付后用户使用阶段未做考虑。缺少综合考虑商业、创新、知识、技术和自然生态等多生态背景下的智能产品创新生态系统。较少有学者从创新生态系统的角度讨论多主体参与的智能产品创新、服务创新和体验创新融合创新过程。

研究主题上,缺乏系统性描述智能产品创新生态系统要素、特征、结构、模型、机理、生命周期和进化的文献。现有文献集中在生态系统演化和稳定性分析上。

研究方法上,缺少从定量分析和数学模型视角对智能产品创新生态系统的形成机理、运行机理、评价机制进行展开分析的研究,目前的研究方法大多数采用案例研究或扎根理论。

研究理论基础上,缺少综合运用创新理论、生态学理论和复杂系统理论对智能产品创新生态系统的深入研究。现有文献大多数从价值创造理论、复杂网络理论的视角研究各主体之间的关系。

通过对智能产品的创新生态系统框架、生态共建、资源共享、价值共创、系统共生、创新共赢等方面研究现状的梳理,进行归纳总结,见表1-2。

表 1-2　研究现状总结

内容		已有研究	不足之处
理论框架	智能产品创新	智能产品开发、客户协同产品创新、供应商协同产品创新	缺少从创新生态系统视角对智能产品创新进行展开
	创新生态系统	企业创新生态系统、创新创业生态系统、数字创新生态系统、开放式创新生态系统	缺少针对智能产品的创新生态系统研究,包括智能产品创新生态系统的定义、特征、要素、形成机理、运行机理和评价机制
生态共建	形成机理	从要素组成角度研究	缺少共建视角的机理模型研究
	共建主体选择	供应商选择与评价、伙伴选择与评价	缺少针对创新生态系统共建伙伴选择的评价指标体系和方法
	生态系统规划	企业技术创新生态系统结构	缺少考虑创新平台和创新生态之间的关系
资源共享	资源供给与资源需求	任务需求分析视角、用户功能需求分析视角	缺少从用户情境视角对创新资源需求进行分析
	资源分享与配置	基于去中心化云平台的制造资源共享	缺少针对创新资源的共享,缺少中心化和去中心化相结合的方法
价值共创	价值共创机理	开放式创新生态系统价值共创模型、创新生态系统价值共创机制	尚未揭示面向用户情境价值的创新生态系统的价值共创规律和机理
	共创主体选择	基于协同效应的伙伴组合选择方法	缺少考虑生态位适宜度,较少考虑多目标优化之后备选方案的优选
	价值共创利益分配	博弈论法、基于 Shapley 值法	较少从持续价值分配角度分析共创价值分配问题
系统共生	共生机理	共生三要素、共生演化模型	缺少与协同网络的结合,缺少对共生、互生、派生的研究
	共生关系	创业生态系统共生演化周期、共生网络	缺少对共生主体之间价值冲突解决方法方面的研究
	共生进化	演化博弈模型/理论、Logistic 增长模型、案例或实证研究	缺少对智能产品创新生态系统从共生到再生的分析

（续表）

内容		已有研究	不足之处
创新共赢	创新共赢机理	涌现理论、企业价值共创涌现	缺少创新生态系统环境下的创新绩效涌现机理
	创新绩效评价	协同创新主体的过程绩效评价方法、产业绩效评价、企业创新生态系统健康度评价	缺少综合考虑过程绩效和结果绩效的创新绩效评价方法

2）研究现状与工业需求差距分析

智能产品的创新生态系统如何构建、运行和评价等还有待深入研究。创新生态系统涉及协同创新、价值工程、系统工程、知识工程等学科的理论和知识，其相关研究处于起步阶段。目前，围绕"智能产品创新生态系统"方面的研究存在以下几个问题：

（1）在智能产品创新生态系统生态共建方面，缺少围绕最终用户多场景需求界定用户情境价值的研究，从而无法指导核心企业设计生态系统价值主张以吸引创新主体加入；缺少创新生态规划和设计的研究，导致现有研究尚不足以支撑核心企业构建适应智能产品创新的创新生态。

（2）在智能产品创新生态系统资源共享方面，缺少从用户情境价值出发对资源共享需求侧的分析。当前产品创新模式中存在的知识产权保护与亟待解决的信任问题需要进一步研究，现有方法尚不能有效解决信任问题。

（3）在智能产品创新生态系统价值共创方面，缺少对多主体之间围绕用户情境价值共创的研究，现有研究考虑使用价值和体验价值尚不能满足情境价值共创的需求。共创价值的合理分配机制有待进一步研究。

（4）在智能产品创新生态系统系统共生方面，现有研究多聚焦在共生模式，缺少考虑共生关系冲突解决办法；缺少进化机制分析，现有文献尚不能支撑创新生态系统的持续进化。

（5）在智能产品创新生态系统创新共赢方面，缺乏对智能产品创新生态系统综合评价的研究。现有文献尚不能反映影响智能产品创新生态系统创新绩效的关键因素，尚不能有效反馈给生态系统运营者进行改进和提升。

综上所述，智能产品创新面临新的挑战，需要新的创新范式、理论和方法进行支撑。但是面向智能产品创新的创新生态系统建设、运行和评价相关理论、工具、方法还很缺乏,如何共建、共享、共创、共生、共赢等问题还没有得到有效解决。

1.3 问题的提出

如图 1-2 所示,基于 1.1 节的工业需求提炼出工业实际问题,以及基于 1.2 节的国内外研究现状及分析归纳出的理论研究问题,两者交集形成智能产品的创新生态系统理论研究的关键基础理论问题,即智能产品的创新生态系统构建及运行理论与方法研究。

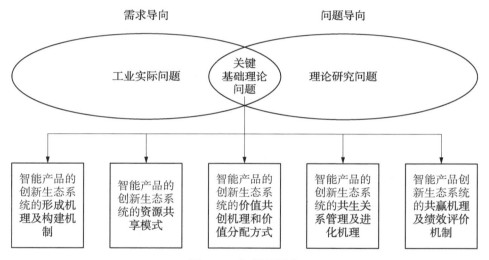

图 1-2 问题的提出

主要存在以下关键基础理论问题:

1) 智能产品的创新生态系统形成机理及构建机制问题

研究如何构建核心企业主导的智能产品创新生态系统,可以为提高基于创新生态系统的智能产品创新提供理论依据和方法支撑。其具体问题包括:

(1) 价值主张视角下的共建动因问题。为了吸引优质创新主体加入并共建创新生态系统,核心企业需要明确创新生态系统的价值目标及预期能给各相关主体带来什么价值,即生态系统价值主张。如何设计生态系统价值主张及依据什么设计价值主张是需要解决的问题。

（2）从核心企业视角出发的核心生态伙伴选择机制问题。共建智能产品创新生态系统关键之一在于如何选择核心生态伙伴。从核心企业角度出发，依据什么标准和评价方法选择关键生态合作伙伴是需要解决的问题。

（3）考虑生态与平台互相促进的创新生态规划问题。生态共建的目标之一是形成创新生态，因此创新生态如何规划及创新平台如何建设是需要解决的问题。

2）智能产品的创新生态系统运行过程资源共享机制问题

研究如何进行智能产品创新生态系统的创新资源供给、需求和匹配，可以支撑创新活动的进行和创新生态系统的运行。具体问题包括：

（1）社会化环境下开放式创新生态系统创新资源供给问题。为了便于资源匹配，一方面需要研究创新资源属性，划分创新资源类别，对创新资源进行统一描述；另一方面需要形成可信的资源共享环境，建立信任信用机制。

（2）基于用户情境价值的创新资源需求转化问题。为了提高资源匹配度，需要准确定义创新资源需求，研究基于用户情境价值的资源需求转化过程。

（3）考虑供需双方多主体情况下的创新资源匹配问题。当存在多个资源供给和需求时，需要研究如何提高供需双方满意度，减少匹配时间和经济成本等创新资源匹配问题。

3）智能产品的创新生态系统运行过程价值共创机制问题

研究在社会化环境下开放生态系统如何进行价值共创，用户情境价值驱动下共创过程的关键要素有哪些，如何进行共创价值的分配等。其具体问题包括：

（1）面向用户情境价值的价值共创机理及共创过程问题。从以用户为中心的视角，价值共创的范围既包括产品开发阶段潜在价值的共创，又包括产品使用阶段的价值共创。面向用户情境价值的智能产品创新价值共创的内在机理是什么，以及如何定义价值共创过程，是需要解决的问题。

（2）考虑协同效应的价值共创主体选择问题。当存在多个备选共创主体时，如何发挥共创主体之间的协同效应以选择最佳的创新成员组合，是需要解决的问题。

（3）考虑公平和效率的共创价值分配机制问题。共创价值如何在各相关方之间共享和分配，建立既注重公平又注重效率的价值分配机制，是需要解决的问题。

4）智能产品的创新生态系统运行过程系统共生机制问题

研究如何促进智能产品创新生态系统协同共生，以维护创新生态系统的动态平衡。其具体问题包括：

（1）考虑协同效应的共生关系形成机理问题。为了研究智能产品创新生态系统的创新主体之间的协同共生关系，首先需要研究其形成机理，包括共生要素及形成条件等。

（2）考虑系统稳定性的共生过程价值冲突解决问题。在共生发展过程中，共生网络中具有共生关系的创新主体之间，因利益和资源竞争而出现生态位重叠，进而导致价值冲突。如何解决其矛盾冲突是需要研究的问题。

（3）考虑系统再生的共生进化机理问题。智能产品的创新生态系统发展受到内、外部创新环境的影响，因此如何适应环境变化，优化生态系统的要素、结构和功能，实现智能产品创新生态系统从共生向再生转变，需要研究其协同共生进化机理的问题。

5）智能产品的创新生态系统创新共赢机理及评价机制问题

研究如何共赢及如何评价创新生态系统，以便及时了解创新生态系统的运行状态，进行改进和优化。其具体问题包括：

（1）考虑价值涌现的创新共赢机理问题。为了让各方获得大于单独创新的价值回报，需要研究智能产品创新生态系统的价值增值和价值涌现机理。

（2）考虑过程和结果的创新绩效评价问题。评价是为了了解智能产品创新生态系统的运行状态和创新效率，及时发现问题并优化，因此如何正确评价智能产品的创新生态系统并提出改进策略是需要解决的问题。

1.4　研究目的和思路

本书从创新生态系统视角研究智能产品，系统地建立核心企业主导的智能产品的创新生态系统构建及运行理论和方法，揭示智能产品的创新生态系统构建机理、运行机制和评价机制，为相关智能制造企业提供有益参考。

基于创新生态系统的生命周期，围绕智能产品的创新生态系统构建、运行和评价，本书从生态共建、资源共享、价值共创、系统共生、创新共赢五个方面进行展开（图 1 - 3）：

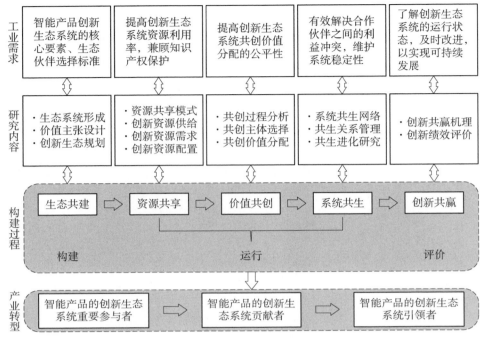

图 1-3 智能产品的创新生态系统理论与方法体系研究思路

（1）智能产品的创新生态系统直接目的是提高创新效率和绩效，以创新生态系统的模式进行智能产品创新，根本目的是为最终用户创造价值，因此智能产品创新生态系统的构建需要以最终用户对智能产品的需求为牵引。同时，由于生态系统的复杂性和创新的风险性，核心企业需要联合众多生态伙伴进行创新平台和创新生态的共建。生态共建为本理论的第一个重点内容。

（2）创新活动的进行依赖于异质创新资源的供给，因此在进行价值共创之前需要解决创新资源的共享问题。资源共享为本理论的第二个重点内容。

（3）价值共创指进行智能产品创新活动，是整个创新生态系统运行的关键，与最终的创新绩效和创新产出息息相关。价值共创为本理论的第三个重点内容。

（4）为了创新生态系统运行的稳定性，给价值共创提供一个安定的内部环境，需要研究共创主体之间的关系，解决价值冲突和矛盾，使创新主体之间和谐共生。系统共生为本理论的第四个重点内容。

（5）共赢是创新生态系统的价值主张，即各方共享价值共创的成果，且获得的回报远超单独创新的价值回报,这有利于生态系统的可持续性和竞争力,因此需要对创新生态系统的结果和过程进行绩效评价,以便及时改进和调整策略使创新生态系统健康发展。创新共赢为本理论的第五个重点内容。

　　以上五个"共"构成了智能产品的创新生态系统的理论与方法体系,以此支撑智能产品创新生态系统的构建、运行和评价。

第2章 智能产品的创新生态系统构建及运行理论框架

本章从整体上论述智能产品的创新生态系统,一方面为后续章节提供理论基础,另一方面用于说明后续章节之间的内在逻辑关系。

本章主要研究智能产品的创新生态系统构建及运行理论框架,内容包括其相关概念定义、构成要素、系统特征、理论框架与流程等。

2.1　相关概念定义

首先对智能产品的创新生态系统相关概念进行界定,具体定义如下。

定义 2-1:智能产品的创新生态系统(smart product innovation ecosystem, SPIE)

本书研究的智能产品的创新生态系统类型界定为,消费品领域以核心企业为主导的企业级创新生态系统。在创新生态系统定义的基础之上,结合复杂系统理论、共生理论、创新理论,本书作者提出了"智能产品的创新生态系统"定义,具体如下:

智能产品的创新生态系统,指以消费领域智能产品为载体,面向用户对"产品+服务+体验"的场景化需求,由核心企业主导形成的,以用户情境价值为中心进行智能产品创新的,企业创新生态系统。创新主体之间通过物质流、能量流、信息流、知识流连结传导,形成共建共享、共创共赢、共生共荣的动态开放复杂系统,简称 SPIE。SPIE 是一个以协同共生为本质、以价值共创与创新共赢为目的的创新生态系统,其功能包括物质循环、能量流动、信息传递、知识溢出和价值增值。

智能产品的创新生态系统与自然生态系统的区别和联系具体见表 2-1。

表 2 - 1　与自然生态系统的对比

对比项		智能产品的创新生态系统	自然生态系统
区别	组成要素	智能产品、创新个体、自然环境、社会环境	生物和无机环境
	本质	优化资源配置、获得创新成果、使成员共同获益,协同共生	生态平衡
	核心	物质循环、能量流动、信息传递、价值增值	物质循环、能量流动、信息传递、生物进化
	特征	系统复杂多样、资源分散、创新群体动态变化、开放协同、演化自主化	生物多样性、动态平衡、开放协同、自组织演化
	结构	创新链网	食物链网
	形成机制	人为构建	自然形成
	运行机制	人为管控	自然选择
联系	生态系统	多样性、开放性、竞合性、整体性、涌现性	

定义 2 - 2:生态系统价值主张(ecosystem value proposition,EVP)

在用户价值主张概念基础之上,本书作者给出生态系统价值主张定义,具体如下:

生态系统价值主张(简称 EVP),指从生态系统层面界定整个智能产品的创新生态系统价值愿景和承诺,为生态系统内所有相关成员提供价值。EVP以用户价值为出发点和归宿,为用户提供各类智能产品及服务,并基于共同的愿景和目的连接生态系统内各创新主体,促进创新资源共享和价值传递,明确价值共创方向,为各相关利益方提供价值回报。同时 EVP 也要平衡利益冲突,使生态系统处于稳健发展状态,并使各方共同承担风险。EVP 要素包括受益者、各个相关方价值回报、是否互惠及价值共创方向。

定义 2 - 3:创新资源(innovation resource,IR)

结合创新所需要素,本书作者给出创新资源定义,具体如下:

创新资源(简称 IR),指创新过程中所需要的人员、物质、资金等各方面投入要素,是一种社会化创新资源(social innovation resource,SIR),包括研发创新资源,如思想、理念、知识、方法、技术、工具、系统和平台等;产业化资源,如产业孵化和应用推广等;资金资源,如政府和企业的科研资金、天使投资、风险投资、新三板、创业板、科创板、主板和股权激励等。

定义 2 - 4:用户情境价值(user value-in-context,UVIC)

基于场景理论及现有文献对用户价值的定义,给出用户情境价值的定义,具体如下:

用户情境价值(简称 UVIC),指用户在特定情境下,通过使用产品、服务或产品服务组合获得个性化情感体验的感知价值。

定义 2 - 5:生态系统共生能量(ecosystem symbiosis energy,ESE)

结合涌现理论及现有文献对共生能量的定义,给出生态系统共生能量的定义,具体如下:

生态系统共生能量(简称 ESE),是指开放式创新生态系统中创新主体与外界进行物质交换、能量交换、信息交换,以及基于共生关系进行价值共创而涌现出的能量的总和,包括各自单独产生的能量和新增的能量。

定义 2 - 6:创新生态系统创新绩效(innovation ecosystem performance, IEP)

结合创新绩效的定义和智能产品创新生态系统特点,给出创新生态系统的创新绩效定义,具体如下:

创新生态系统创新绩效(简称 IEP),是指 SPIE 的产出、创新能力和健康度,同时也包括过程绩效和结果绩效。其中,健康度通常从集聚力、生命力、共生力等指标来反映 SPIE 的要素、结构、功能等方面的健康状况。

2.2 智能产品创新生态系统构成要素

结合现有文献对创新生态系统构成要素的研究和智能产品创新的特点,总结出 SPIE 的构成要素,包括智能产品、创新主体、创新链、创新网络和创新平台。为了刻画 SPIE 的构成要素之间的关联关系,本书作者构建了"点线面体"金字塔模型,如图 2 - 1 所示。金字塔的顶点代表智能产品,即 SPIE 的创新客体和对象;金字塔的底座代表创新平台,用于支撑智能产品创新的各类活动;金字塔表面众多分散的节点代表创新主体,创新主体之间连点成线,代表创新链;金字塔的各侧面代表创新网络。

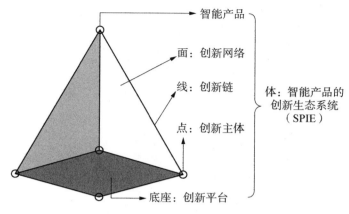

图 2-1　构成要素之间的关联关系

2.2.1　智能产品

数字经济时代,智能产品可视为"产品＋服务＋体验"的组合。因此,广义智能产品架构可分为可见的产品、不可见的服务和体验三大部分,如图 2-2所示。

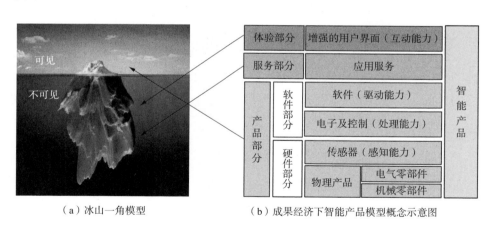

（a）冰山一角模型　　　　　（b）成果经济下智能产品模型概念示意图

图 2-2　广义智能产品架构

产品部分包括物理产品、电气零部件、机械零部件、传感器、电子及控制和软件。服务部分包括各种应用服务。体验部分包括因交互产生的各类用户体验,如产品体验和服务体验。因此,智能产品的属性可划分为三类,包括物理属性、服务属性和体验属性。

2.2.2 创新主体

创新主体具有多样化、社会化等特点，其按层次划分，又分为创新个体、创新种群和创新群落，如图2-3所示。

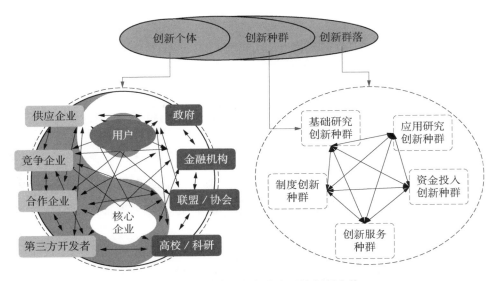

图2-3 智能产品创新生态系统创新主体

1）创新个体

创新个体，是指独立的个人或组织。同质创新个体的集合称为创新物种，如客户、用户、第三方开发者、核心企业、上下游企业、高校、科研院所、行业协会、产业联盟、政府和风险投资机构等，具体见表2-2。

表2-2 创新个体

创新个体		描　述	角色定位
个人	用户	智能产品或服务的最终使用者，在创新生态系统中发挥重要作用。用户提出需求，并参与产品全过程，其既是消费者，又是生产者、共创者	中心
	客户	智能产品或服务的购买者	中心
	第三方开发者	软件开发者、App开发者或解决方案提供者	参与者

（续表）

创新个体		描　述	角色定位
组织	设计师/工程师	核心企业中的设计师、工程师(产品工程师、交互工程师)等技术创新主体,在智能产品创新中发挥基础性作用	重要参与者
	核心企业	智能产品集成商,创新平台的拥有者和运营者,在创新生态系统中起主导作用,提供智能产品及服务	主导者
	供应商	包括硬件供应商和软件供应商。硬件供应商提供原材料、零部件等,软件供应商提供软件系统、App 等	参与者
	制造商	智能产品的生产企业	参与者
	服务商	智能产品的服务提供者	参与者
	金融机构	为创新提供资金支持,包括风投、创投等	参与者
	高校/科研院所	进行基础研究,在产品开发阶段提供技术服务	参与者
	行业协会	由某一行业领域的众多企业组成,以联盟形式存在	参与者
	政府	制度创新主体,影响创新的宏观政策	监管者

2）创新种群

创新种群,是指一定时间、空间范围内,多个同质创新个体的集合,包括需求创新种群、基础研究种群、应用研究创新种群、服务创新种群、制度创新种群和资金投入种群,具体见表 2-3。

表 2-3　创新种群

创新种群	功　能	包含的创新物种
需求创新种群	提供创新源和需求	用户、客户
基础研究创新种群	进行理论创新、方法创新	高校、科研院所
应用研究创新种群	进行技术创新、产品创新、模式创新、业态创新、组织创新	企业、第三方开发者
服务创新种群	为其他创新种群提供支撑	政府、产业联盟、行业协会
制度创新种群	进行体制机制创新	政府
资金投入种群	提供资金支持	企业、金融机构、政府

3）创新群落

创新群落,是指一定时空内,创新种群和环境作用形成的多个创新种群的集合,如产学研创新群落等。

2.2.3 创新链

1) 创新链的定义

创新链是指以满足市场需求为导向,描述从创意的产生、转化到商业化等整个创新过程的链状结构。它反映创新资源在创新过程中的传递、转化和增值效应,也反映创新主体之间的关系。

2) 创新链与价值链的区别及联系

价值链由设计、采购、生产、销售和售后服务等方面的一系列价值活动组成,其中企业内部的价值活动称为业务链。

创新链则是基于价值链及其价值创造活动而形成创新活动,包括创意发现、概念定义、创意转化和方案展示。创新链和价值链之间的联系体现在围绕业务链部署创新链,围绕创新链提升价值链。创新链和价值链的融合可以在产业链上部署创新链和价值链,实现业务链、创新链、价值链的协同发展。创新链与价值链的映射关系如图 2 - 4 所示。

价值链 价值活动	研发 采购 生产 销售 服务			
阶段	**产品策划**	**概念设计**	**产品开发**	**产品测试与发布**
描述	用户对价值假设提供反馈	广泛邀请用户参与,收集需求	让产品迅速接触用户,通过反馈找到真实需求	大量客户进行测试,汇总问题并在下一批量产前改进,跟踪客户反馈,进行下一轮循环
内容	确定产品的可行性、产品特点、目标客户群和市场定位	全面确定整个产品策略、外观、结构、功能,并确定生产系统的布局	产品关键技术的研发,进行产品开发和解决工艺问题,并提出完整的测试方案、生产方案和产品规格	产品功能测试,客户和市场测试,根据产品的测试和对市场的预测决定全面推向市场

创新活动 映射

创新链	**阶段**	**创意发现**	**概念定义**	**创意转化**	**方案展示**
	描述	搜集信息,产生创新想法,识别创新机会,发现创意,捕获创意	想法转化为概念,界定概念,分析可行性	开发创意,把创意转化成产品概念	对创新方案进行设计、验证、优化

图 2 - 4 创新链与价值链的映射关系

3）创新链的结构

创新链的结构如图 2-5 所示。创新链包括创意发现、概念定义、创意转化和方案展示四个阶段，这些阶段协同工作，构成了从初始创意到最终实现的创新过程。每个阶段都具有其独特的任务和目标，有助于确保创新在不同层面上得到全面的考虑和发展。

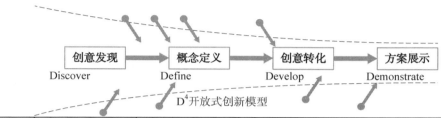

阶段	创意发现	概念定义	创意转化	方案展示
描述	搜集信息，产生创新想法，识别创新机会，发现创意，捕获创意	想法转化为概念，界定概念，分析可行性	开发创意，把创意转化成产品概念	对创新方案进行设计、验证、优化
任务	·搜集信息 ·产生想法 ·筛选想法 ·捕获创意	·形成概念 ·概念评估 ·概念筛选 ·优化概念	·技术匹配 ·原型设计 ·原型优化 ·创意原型	·方案设计 ·方案实施 ·方案验证 ·方案优化
实质	从多个想法中筛选创意	从多个创意中提炼概念	从多个概念中形成方案	验证创新方案

图 2-5　创新链结构模型

创意发现阶段：在这一阶段，搜集各种信息，产生创新想法，并识别潜在的创新机会。这个阶段的目标是捕获和引发创意的产生。

概念定义阶段：将产生的创意转化为更具体的概念。在这一阶段，界定创意的范围，进行可行性分析，以确保创意的实现性和可行性。

创意转化阶段：在这个阶段，创意进一步被开发和扩展，从而转化成更具体的产品或解决方案的概念。这意味着将初步的创意转化为可实施的产品概念。

方案展示阶段：在这个阶段，创新方案得到更详细的设计、验证和优化。这包括对创新方案进行进一步的规划、设计、实验和测试，以确保其在实际应用中的可行性和有效性。

创新链的功能体现在为知识、技术等创新资源传递提供渠道,它具有需求推动、技术拉动、用户参与相融合等特点。

2.2.4 创新网络

1) 创新网络的定义

创新网络是一种以创新主体为节点,以创新链为边,形成的复杂自适应网络,如资源共享网络、价值共创网络和协同共生网络。

2) 与价值网络的区别与联系

价值网络是在价值链基础之上形成的网络,它反映价值创造主体之间的竞合、互补、共生关系。创新网络基于创新链而形成,反映创新主体之间的共享、共创、共生、共赢关系。

3) 网络结构

创新网络的数学表达为 $G = (u, v, w)$,其中,u 代表节点,v 代表节点之间关系,w 代表关系权重。

网络基本类型可分为四种,包括单中心型、多中心型、去中心型和混合型。

4) 网络功能及特点

创新网络的功能主要包括连接创新主体,分享创新资源和发挥网络效应。其通过网络化、互联化、动态化和协同化等方式,为创新主体提供了更加灵活、高效的合作平台,促进创新资源的共享与交流,以及网络效应的最大化利用。以下是网络化、互联化、动态化和协同化等方式的具体介绍:

(1) 网络化指网状结构,包括共享网络、共创网络和共生网络。

(2) 互联化指万物互联,连接创新主体、创新资源和创新环境。

(3) 动态化指随着节点的增加或减少,网络结构发生动态变化。

(4) 协同化指创新主体进行协同创新,形成协同效应。

2.2.5 创新平台

作为创新生态系统的基础设施,创新平台是一种基于互联网的社会化开放式众创服务平台。其作用为汇聚创新资源,形成创新资源网络,整合集聚创新资源要素,促进创新资源在社会范围内高效配置和共享使用,以及提供创新支撑服务。创新平台与工业云平台和工业互联网平台的区别和联系详见表 2 - 4。

表 2-4　创新平台与工业云平台、工业互联网平台的对比

指标	工业云平台	工业互联网平台	创新平台
开发主体	平台运营者＋平台客户	海量第三方开发者	海量第三方开发者
提供内容	有限、封闭、定制化的工业 App	海量、开放、通用性的工业 App	创新资源、能力、服务
运行机制	单边市场：平台拥有者	双边市场：开发者，用户	多边市场：社会化多主体
特征	资源池化，弹性供给，按需付费	硬件资源虚拟化，应用服务软件化	分散资源集中利用，集中资源分散服务
作用	降低成本，集成应用，能力交易	降低成本，集成应用，能力交易，创新引领，生态构建	降低成本，集成应用，能力交易，创新引领，生态构建
服务模式	云服务	微服务	微服务
结构	边缘层、IaaS 层、PaaS 层、SaaS 层、行业应用层	数据采集层、IaaS 层、工业 PaaS 和工业 App 层	资源层、模块层、服务层、应用层
共同点	资源共享、能力协同、互利共赢		

创新平台类型分为四种，即交易型创新平台、共享型创新平台、服务型创新平台和社会化众创型创新平台。创新平台具有开放融合、多元众创和网络效应的特点。

开放融合特征表现为支持开放式创新。创新主体通过平台共享创新资源、创新能力和创新服务。平台汇聚并整合社会化资源，形成创新能力，为创新主体提供基于创新链的创新服务。

多元众创特征表现为多方创新主体进行社会化价值共创。创新平台由多个子平台共同构成多边平台，如用户平台、开发者平台、合作伙伴平台和资金平台等。平台两端形成多元网络，包括用户网络、开发者网络、合作伙伴网络、资金网络、资源网络、能力网络和服务网络等。

网络效应特征表现为平台的同边网络效应和跨边网络效应。同边网络效应通常体现为用户吸引用户和合作伙伴吸引合作伙伴两种。用户越多，吸引的

用户越多;服务或资源提供方越多,吸引的服务或资源提供方越多。跨边网络效应通常体现为用户吸引合作伙伴或合作伙伴吸引用户,即用户越多,吸引的服务或资源提供方越多;服务或资源提供方越多,则吸引的用户越多。

2.3　智能产品创新生态系统特征

如图 2-6 所示,智能产品创新生态系统是智能产品、创新、生态系统的融合,因此其具有三者的内涵及相关特征。

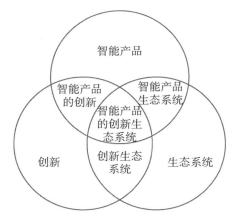

图 2-6　智能产品的创新生态系统的三个方面

2.3.1　智能产品特征

智能产品具有以下特征:

(1) 智能终端属性,即智能产品具备信息采集和处理能力,能实现智能感知、交互、大数据服务等功能,是产品+服务的组合体。

(2) 智能功能属性,即智能产品具有监测、控制、优化、自主四类核心功能。

(3) 泛在互联属性,即智能产品具备连接能力。基于物联网技术的发展,智能产品的通信功能使其成为网络中的节点。

(4) 人机交互属性,即智能产品在互联属性基础之上,人、物、数据、应用可以通过互联网和物联网连结在一起,进行人机交互、人机协同、人机共生。

2.3.2　创新特征

创新具有以下特征:

(1) 新颖性,即更新、改变旧事物或创造新事物。

(2) 价值性,即通过创新解决客户问题,满足客户需求,进而创造价值。

(3) 风险性,即创新存在失败风险,具有不确定性。

(4) 推动性,即创新可以释放巨大能量,推动社会进步,如颠覆式创新、大爆炸式创新。

2.3.3　生态系统特征

生态系统具有以下特征：

（1）复杂多样，即生态系统成员多样，结构复杂，关联关系复杂。

（2）动态平衡，即生态系统具有一定的稳定性和自我调节能力，通过正反馈、负反馈实现。当受到外界干扰时，系统能从一个平衡态转向另一个平衡态。

（3）开放协同，即生态系统的边界模糊，涉及物种的进入和退出，物种之间相互依赖。通过物质循环、能量流动、信息传递进行协同。

（4）自组织演化，即物种之间、种群之间、群落之间相互作用，推动生态系统从无序走向有序。

2.3.4　智能产品创新生态系统整体特征

基于以上特征，可以总结出 SPIE 的整体特征，见表 2-5。

表 2-5　智能产品创新生态系统的特征

特　征	描　　述
系统复杂多样性	产品智能化程度高、复杂度高，生态系统要素复杂、结构复杂，创新主体多样、创新形式多样
创新资源分散性	创新资源的来源广泛，分散在不同的物种、种群、群落中，创新主体通过创新链、创新网络连结，传递创新资源
系统动态性	生态系统的要素、结构、功能、状态等处于动态变化之中，如创新主体进入或退出生态系统、创新网络结构动态变化、系统进化等
开放协同互利性	创新物种之间互利共生，既竞争又合作
系统演化自主性	创新物种之间、创新种群之间、创新群落之间相互作用，推动创新生态系统从一个平衡态跃迁到更高水平的平衡态

2.4　理论框架及流程

2.4.1　理论框架

本节构建了一套 SPIE 构建及运行理论框架，如图 2-7 所示。

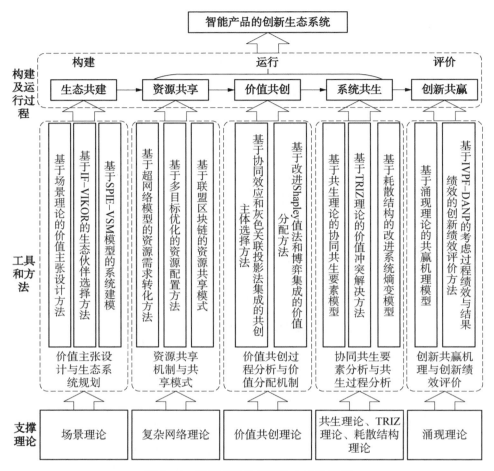

图 2-7　智能产品的创新生态系统框架

该框架分为三层：

第一层（最底层）为支撑理论，主要包括场景理论、复杂网络理论、价值共创理论、共生理论、TRIZ 理论、耗散结构理论和涌现理论。

第二层（中间层）为各阶段所需要的相关工具和方法，主要包括价值主张设计方法、生态伙伴选择方法、系统结构要素模型、资源需求转化方法、资源配置方法、资源共享模式、共创主体选择方法、价值分配方法、协同共生要素模型、价值冲突解决方法、系统进化熵变模型、共赢机理模型和创新绩效评价方法。

第三层（最上层）为智能产品的创新生态系统构建、运行和评价过程，主要包括生态共建、资源共享、价值共创、系统共生、创新共赢五个方面。生态共建是运行基础,资源共享、价值共创、系统共生是运行过程,创新共赢是运行目标和预期结果。

1) 生态共建

生态共建重点研究价值主张设计方法、共建伙伴选择和生态系统建模规划。首先,基于场景理论进行用户价值解析研究,对比分析不同逻辑下用户价值的四种形式,即交换价值、使用价值、体验价值、情境价值。然后基于情境要素模型,研究面向情境价值的价值主张的设计过程,揭示用户价值主张、相关方价值主张、生态系统价值主张三种价值主张的设计逻辑和过程。其次,基于直觉模糊 VIKOR 法解决核心生态伙伴选择问题。最后,基于活系统模型(viable system model, VSM)研究四种用户价值驱动的智能产品的创新生态系统 SPIE - VSM 模型,并规划创新平台和创新生态,揭示创新平台和创新生态对创新生态系统形成的意义。

2) 资源共享

资源共享重点研究创新资源配置与共享模式。首先,基于复杂网络理论研究融合情境域、功能域、结构域、任务域、资源域和主体域的超网络模型,揭示创新资源需求的映射与转化过程。其次,研究考虑双边满意度最大化和资源匹配度最大化的创新资源供需匹配多目标优化方法。最后,基于区块链技术研究基于联盟链的创新资源共享模式。

3) 价值共创

价值共创重点研究价值共创过程、共创主体选择和价值分配机制。首先,基于价值共创理论研究面向情境价值的智能产品创新生态系统价值共创机理模型。基于提出的 SPIE - VSM 模型分析四种用户价值驱动的价值共创过程。其次,研究面向协同效应的共创主体选择方法。最后,研究基于改进的 Shapley 值法和博弈集成的价值分配方法,解决价值分配公平性问题。

4) 系统共生

系统共生重点研究协同共生冲突解决方法及共生进化机制。首先,基于共生理论研究协同共生要素模型、协同共生网络、共生关系矩阵。其次,基于 TRIZ 理论研究协同共生价值冲突解决方法。最后,基于耗散结构理论综合考虑共生网络结构熵和灰色关联状态熵引起的熵变,以此作为判断生态系统进化方向的依据,探究智能产品创新生态系统的共生进化规律。

5) 创新共赢

创新共赢重点研究创新共赢机理与创新绩效评价。首先,基于涌现理论研究智能产品的创新生态系统创新共赢机理。然后,考虑过程绩效和结果绩效评价的创新绩效评价指标体系,最后,研究基于 IVPF - DANP 法的模糊综合评价方法。

2.4.2 总体流程

基于上一节构建的 SPIE 构建及运行理论框架,可以总结出框架的总体流程,如图 2 - 8 所示。

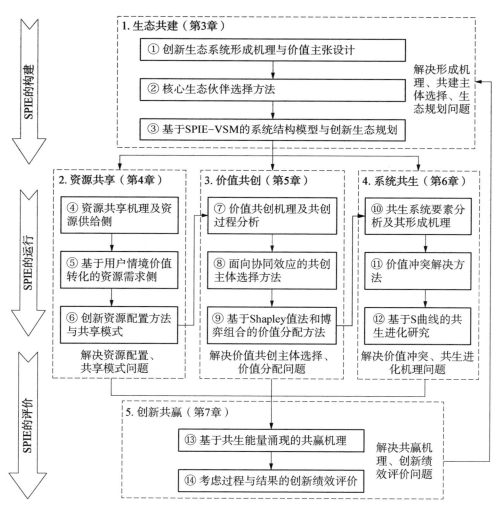

图 2 - 8 智能产品创新生态系统的流程

　　通过研究生态共建,解决与智能产品的创新生态系统构建相关的形成机理、共建主体选择、生态规划问题。通过研究资源共享,解决与智能产品的创新生态系统运行相关的资源配置和共享模式问题。通过研究价值共创,解决与智能产品的创新生态系统运行相关的价值共创主体选择和价值分配问题。通过研究系统共生,解决与智能产品的创新生态系统运行相关的共生价值冲突和共生进化机理问题。通过研究创新共赢,解决与智能产品的创新生态系统评价相关的创新共赢机理和创新绩效评价问题。

第3章 智能产品的创新生态系统生态共建理论与方法

　　智能产品的创新生态系统构建及运行研究,首先要解决生态系统形成问题。系统构建是创新生态系统运行的基础,决定着创新生态系统运行效率。创新生态系统的形成关键在于核心企业、创新平台和创新生态。由于创新生态系统的复杂性,核心企业需要与合作伙伴共建,在智能产品创新生态系统建立初期,如何吸引关键创新主体,并选择合适的生态伙伴参与共建尤为重要。为了解决生态系统形成机理、共建驱动力、共建主体选择等问题,需要对生态系统价值主张设计、核心生态伙伴选择方法、创新平台及生态系统规划加以研究。本章的目的是揭示如何形成智能产品的创新生态系统。

　　针对以上研究问题和目的,本章将对智能产品的创新生态系统生态共建进行展开,其内容主要包括生态共建的思路、形成机理与价值主张设计、核心生态伙伴选择及系统结构模型与创新生态规划。

　　本章拟解决的关键基础理论问题是价值主张视角下创新生态系统构建机理及核心生态伙伴选择机制,包括价值主张视角下的共建动因问题、从核心企业视角出发的核心生态伙伴选择机制问题、考虑生态与平台互相促进的创新生态规划问题。其思路如图3-1所示。

　　(1)智能产品的创新生态系统形成机理与基于用户价值解析的价值主张设计。首先,构建基于生态共建思维的生态系统形成机理模型,揭示智能产品创新生态系统的形成机理及价值主张在生态共建中的作用。其次,基于场景理论和情境要素模型解析用户价值。最后,从价值理论视角,设计用户价值主张、相关方价值主张和生态系统价值主张。

　　(2)基于直觉模糊VIKOR法的核心生态伙伴选择。首先,介绍核心生态伙伴选择的原则,基于此构建核心生态伙伴选择指标体系。然后,运用改进的

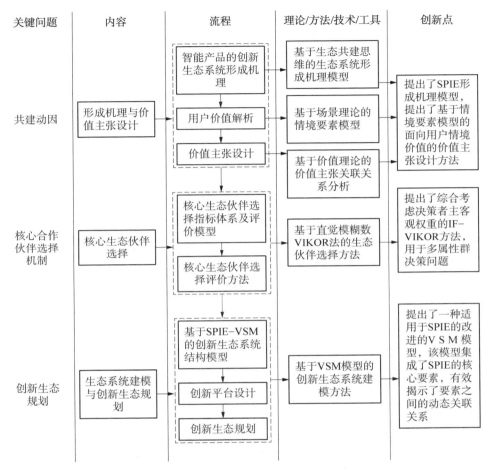

关键问题	内容	流程	理论/方法/技术/工具	创新点

图 3-1　生态共建思路

基于直觉模糊数的 VIKOR 法评价备选核心生态伙伴。

（3）基于 SPIE - VSM 的生态系统结构模型与创新生态规划。首先，基于 VSM 活系统模型构建适用于智能产品的创新生态系统的结构模型 SPIE - VSM。其次，设计创新平台。最后，规划创新生态。

本章的创新点主要体现在：

（1）提出了智能产品的创新生态系统形成机理模型，从动态视角揭示了创新生态系统形成规律。提出了基于情境要素模型的面向用户情境价值的价值主张设计方法，能有效识别用户情境价值。

（2）提出了一种适用于智能产品的创新生态系统的 SPIE - VSM 模型，该模型集成了 SPIE 的核心要素,有效揭示了要素之间的动态关联关系。

3.1 智能产品的创新生态系统形成机理与价值主张设计

3.1.1 形成机理

智能产品的创新生态系统形成方式分为两种:第一种方式为基于已有的创新生态系统进行重组、重构,形成优化版的创新生态系统,即从 1 到 1*;第二种方式为从无到有建立新的创新生态系统,即从 0 到 1。本书提出的基于生态共建思维的智能产品的创新生态系统形成机理适用于第二种方式,如图 3-2 所示。

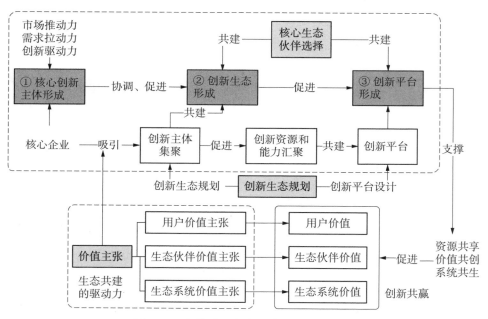

图 3-2 智能产品创新生态系统形成机理

创新生态系统形成过程包括以下三步:

第一步,核心创新主体的形成受市场推动力、需求拉动力和创新驱动力的综合影响。其中,市场推动力包括制度因素、市场因素和环境因素;需求拉动力包括用户需求、资源需求和机会需求;创新驱动力,包括企业发展需求驱动、技术创新驱动。

第二步,创新生态的形成依赖于创新主体和创新资源的集聚。为吸引更多创新主体,核心企业需设计不同的价值主张。

依据面向对象和范围的不同,价值主张可划分为三类:用户价值主张(user value proposition, UVP)、相关利益方价值主张(stakeholder value proposition, SVP)以及生态系统价值主张(ecosystem value proposition, EVP)。面向最终用户的价值主张,提供了对用户的价值承诺;面向相关利益方的价值主张,提供了对各相关利益方的价值回报;面向生态系统的价值主张,提供了整个生态系统的创新绩效和可持续发展目标,即为所有相关方创造共享的价值,如图 3 - 3 所示。用户价值主张是关键,应在用户价值主张确定之后,再设计相关方价值主张,最后确定整个生态系统的价值主张。因此,在确定用户价值主张之前,需要对用户价值进行解析,以明确用户的价值诉求。这是智能产品创新生态系统构建的出发点和评价的落脚点。

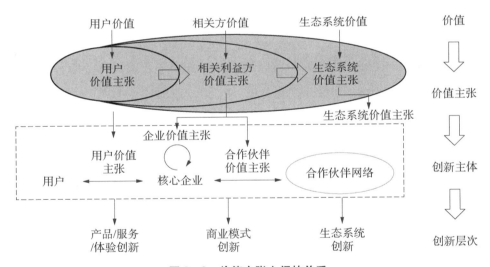

图 3 - 3　价值主张之间的关系

第三步,创新平台的形成依赖于核心企业与生态伙伴的共同努力。创新主体的集聚促进平台创新资源及能力的汇聚和创新生态的形成。众多创新生态促进新的创新平台形成,创新平台为创新资源共享和价值共创活动提供支撑。

3.1.2　基于场景理论的用户价值解析

针对智能产品的特点,用户需求分析需要结合具体情境,否则分析用户需求将失去意义。因此,本部分首先对用户情境进行分析,再针对具体情境分析用户需求,进而挖掘用户价值。用户价值解析过程如图3-4所示。

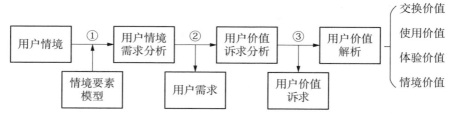

图3-4 用户价值解析过程

第一步,基于情境要素模型和用户情境进行用户情境需求分析,确定用户情境需求;第二步,进行价值诉求分析,识别出用户价值诉求;第三步,对用户价值进行解析。

1）用户情境需求分析

（1）情境要素模型。

根据场景理论,本书构建了情境要素模型,如图3-5所示。情境要素模型可用一个七元组表示为,$Sc = (U, I, C, P, S, B, G)$,包括用户（$U$）、交互者（$I$）、情境（$C$）、产品（$P$）、服务（$S$）、行为（$B$）和目标（$G$）。模型可理解为哪些人在何种情境下通过什么媒介进行交互,并做了什么以期望达到什么效果。各要素具体说明如下。

① 用户（U）——情境的主体。

② 交互者（I）——与用户进行交互,为用户提供产品服务或帮助的参与者,例如核心企业、服务提供商、用户社群中的其他用户等。

③ 情境（C）——指用户行为发生的场景,情境单元包括环境情境（如时间、空间、环境）、社会情境、用户情境、产品情境等,不同的情境单元组合形成不同的情境,情境集合为$C = \{C_1, C_2, \cdots, C_m\}$,$C_i$表示第$i$种情境。

④ 产品（P）——指用户行为的载体,可以是实体物理产品,也可以是虚拟数字化产品。

⑤ 服务（S）——指用户体验的载体。

⑥ 行为（B）——指用户活动,作用是实现用户子目标。

⑦ 目标（G）——指用户期望实现的最终效果,包括产品目标、服务目标、体

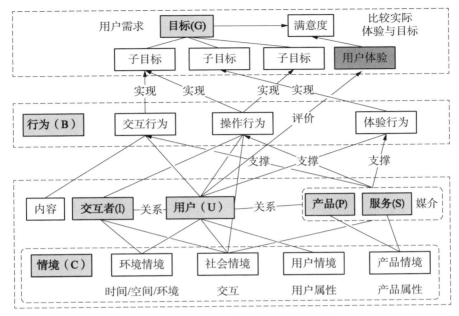

图 3-5　情境要素模型的形式化表达

验目标和价值目标等,可以理解为用户需求和用户价值诉求。目标可以进一步分解为多个具体可操作的子目标。

(2) 情境属性。

情境的形式化表达为 Context = {C_BasAttri, C_FunAttri},包括情境基本属性和情境功能属性。

式中,C_BasAttri = {C_Name, C_Type, C_Description}——情境基本属性,包括情境名称(C_Name)、情境类型(C_Type)、情境描述(C_Description);

C_FunAttri = {C_Tar, C_FunName, C_FunType, C_FunInput, C_FunOutput}——情境功能属性,包括情境功能目标(C_Tar)、情境功能名称(C_FunName)、情境功能类型(C_FunType)、情境功能输入(C_FunInput)、情境功能输出(C_FunOutput)。

基于构建的情境要素模型,再根据具体的情境,可以分析情境行为主体(即用户和交互者)、情境类型(即环境情境、社会情境、用户情境、产品情境)、情境媒介(即产品形态,设备、App、服务等)、情境行为、情境功能需求(即用户需求和价值目标)等属性,从而为后文中的用户需求分析、用户价值界定提供来源和基础。

（3）用户需求。

根据 2.2.2 小节中的广义智能产品结构,用户需求(customer requirement,CR)可分为三类,即产品类需求、服务类需求和体验类需求,具体内容见表 3-1。

表 3-1   智能产品用户需求分类

用户需求分类	用户需求子类	描述
产品类需求	功能需求	监测、控制、优化、自主等功能
	性能需求	运行稳定、质量可靠
	绿色/健康需求	能源消耗、物质消耗、环境影响、资源消耗、健康需求
服务类需求	产品服务需求	运输服务、安装调试服务、租赁服务、检验检测服务、维修保障服务、客户支持服务、回收服务等
	内容服务需求	数字化内容服务
	定制服务需求	研发设计服务、应用开发服务、定制服务
体验类需求	感官体验	视觉、听觉、触觉、嗅觉、味觉等感官感受
	交互体验	交互过程中产生的感受,如购买体验、交付体验、产品体验、服务体验等
	情感体验	用户心理上的体验和认同感

结合情境要素模型 Sc 和用户需求的类型 CR,可分析得到具体情境下的用户情境需求 UCR。

2）用户价值诉求分析

基于用户情境需求,分析用户的价值诉求,并归纳为以下四种类型价值诉求。

（1）效用价值诉求。指产品带来的效用,全生命周期过程中带来的价值,如良好的产品质量、服务质量和体验质量等。

（2）经济价值诉求。指合理的购买价格,较低的全生命周期用户成本等方面的诉求。全生命周期用户成本包括购买成本、使用成本、维修成本、报废成本等。

（3）情感价值诉求。指产品美学(如智能家电、智能电子产品等)和实时响应的个性化服务等方面的价值诉求。

（4）绿色价值诉求。指包括能源消耗、物质消耗,环境影响、资源消耗等方面的价值诉求。

3）用户价值解析

基于用户的价值诉求，通过调研大量文献，总结出智能产品创新生态系统的用户价值主要包括四种，分别为交换价值、使用价值、体验价值和情境价值，见表 3 - 2。

表 3 - 2　用户价值分类

用户价值	交互类型	含义	逻辑	视角	价值创造	创新方式
交换价值	无	可以购买其他产品的能力	商品主导逻辑	产品视角	生产者与合作伙伴一起为用户创造价值	为用户创新
使用价值	人与产品交互	某些特定物品效用，使用过程中对价值的感受	服务逻辑	服务视角	生产者、合作伙伴、顾客共同创造价值	与用户创新
体验价值	人与产品和服务交互	用户对产品的个性化体验过程中共同创造的价值	用户体验逻辑	体验视角	顾客可通过与产品和服务交互独立创造价值	由用户创新
情境价值	人与人交互	基于场景化思维，以用户为中心，在成员间互动整合资源的过程中创造的价值，并由场景决定	服务生态系统逻辑	生态视角	生态系统所有参与者共同创造价值	用户驱动的创新

交换价值（value-in-exchange，VIE），指用于购买其他产品的能力，一般用经济价值衡量，指购买商品或服务的价格。交换价值遵循商品主导逻辑，从产品视角出发，来反映价值创造的方式，为生产者与合作伙伴一起为用户创造价值。其创新方式表现为“为用户创新”。

使用价值（value-in-use，VIU），指用户使用过程中获得的感知价值，反映产品的效用，如获得良好的服务质量，包括运输、安装、培训、维护、升级和回收等。使用价值遵循服务逻辑，从服务视角出发，反映价值创造的方式为生产者、合作伙伴、顾客共同创造价值。其创新方式表现为“与用户创新”。

体验价值（value-in-experience，VIX），指用户个性化体验中获得的价值，反映用户情感价值和用户体验需求的满足程度，如感官体验、行为体验、思考体验、关联体验、创新体验等。体验价值遵循用户体验逻辑,反映价值创造的方式为用户可通过与产品和服务交互独立创造价值。其创新方式表现为"由用户创新"。

情境价值(value-in-context,VIC),指用户在特定情境下,通过使用获得个性化场景体验,感知到的价值。情境价值遵循服务生态系统逻辑,反映价值创造的方式为生态系统内所有参与者共同创造价值。其创新方式表现为"用户驱动的创新"。本书研究的是面向用户情境价值的智能产品的创新生态系统。

为了进一步说明用户价值四种形式的区别,可以从价值空间和用户消费方式变革视角等两个维度,将交换价值、使用价值、体验价值、情境价值进行了对比,如图 3 - 6 所示。

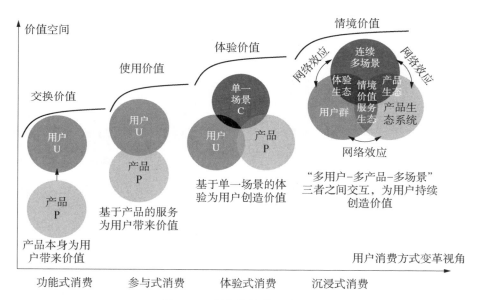

图 3 - 6　用户价值的四种形式

用户消费方式的变革经历了功能式消费、参与式消费、体验式消费和沉浸式消费等四个阶段,最终用户的四种价值形态与四个阶段一一对应。

(1)功能式消费阶段:用户价值以交换价值形式呈现。用户与产品创新过程几乎无交互,用户被动接受产品,仅关注产品本身带来的功能价值。

(2)参与式消费阶段:用户价值以使用价值形式呈现。用户与产品之间存在交互。该阶段以基于产品的服务为用户带来价值为主。在价值空间维度上,使用价值较交换价值更大。

（3）体验式消费阶段：用户价值以体验价值形式呈现。用户、产品与场景等三要素之间存在交互。该阶段以基于单一场景的体验为用户创造价值为主。在价值空间维度上，体验价值较使用价值更大。

（4）沉浸式消费阶段：用户价值以情境价值形式呈现。该阶段的交互方式呈现出新的特点，表现为用户群、产品生态系统、连续多场景之间的交互。这种交互模式能持续为用户创造价值。

3.1.3　基于用户价值解析的价值主张设计

价值主张能把创新主体联系起来，有效促进资源汇聚、整合和共享。核心企业想要实现智能产品创新生态系统的成功及智能产品创新，必须提供能够吸引创新主体参与进来的价值主张。价值主张不断进行更新迭代，推动智能产品创新的发展和智能产品创新生态系统的发展。

1）用户价值主张

依据用户情境需求和用户价值进行用户价值主张设计，可以为用户提供"产品＋服务＋体验"的全生命周期综合解决方案，如图 3-7 所示。价值主张

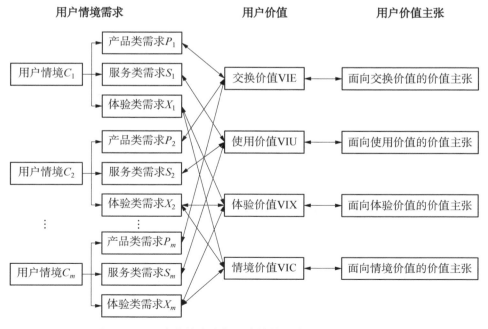

图 3-7　用户价值主张与用户情境需求之间的映射关系

设计包括面向交换价值的用户价值主张 UVP^E、面向使用价值的用户价值主张 UVP^U、面向体验价值的用户价值主张 UVP^X 和面向情境价值的用户价值主张 UVP^C。用户价值主张集合为 $UVP = \{UVP_1^E, \cdots, UVP_{n_1}^E, UVP_1^U, \cdots, UVP_{n_2}^U, UVP_1^X, \cdots, UVP_{n_3}^X, UVP_1^C, \cdots, UVP_{n_4}^C\}$，其中，$n_i (i = 1, 2, 3, 4)$ 代表第 i 种类型价值主张的数量。

2）相关利益方价值主张

相关利益方价值主张的设计流程如图 3-8 所示。

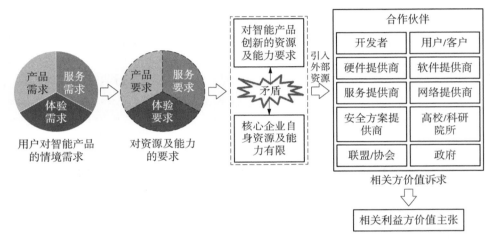

图 3-8　相关利益方价值主张设计流程

一方面，用户情境需求映射为用户价值诉求，用于设计用户价值主张；另一方面，用户情境需求映射为对创新生态系统资源及能力的要求。核心企业通过对比自身资源及能力与所需资源及能力的差距，采用价值网络分析方法，来确定备选相关利益方，并依据各相关利益方的价值贡献和价值诉求设计相关方价值主张。

相关利益方的价值贡献及价值诉求见表 3-3。

表 3-3　相关利益方的价值贡献和价值诉求

相关利益方	角色	作用	价值贡献	价值诉求
产品提供商	产品设计商	产品方案设计，产品模块设计	增加设计资源多样性	经济价值，市场信息，用户信息共享

（续表）

相关利益方	角色	作用	价值贡献	价值诉求
	零部件供应商	提供零部件	供应链集成,节约采购成本,信息共享	价格,协议周期,信息共享、推荐
	设备供应商	提供设备	提供硬件资源	经济价值
	制造商	产品制造	提供制造资源	经济价值
	分销商	产品销售	加速商品流动	经济价值
服务提供商	售后服务提供商	备品备件,修理,检验检测、安装、调试	服务资源,修复产品故障	经济价值,市场分享
	客户支持服务提供商	预防性维护、流程优化、用户培训	避免故障,提升客户流程效率和有效性	经济价值,市场分享
	开发者合作伙伴(众创)	系统开发、应用开发服务	降低开发时间和成本,同时提高质量	经济价值,市场分享
	配套服务提供商	补充服务	解决客户问题	经济价值,市场分享
	外包合作伙伴	承担外包服务或外包设计任务	外包流程持续提升,减少独立开发的投入成本	经济价值,市场分享
	信息服务提供商	提供信息通信服务	加速信息分享,信息流	经济价值,信息分享
	安全服务提供商	提供安全应用和服务	降低安全隐患	经济价值,安全数据
社会化合作伙伴	创客	独立开发	想法、产品开发能力	培训
	第三方开发者	开发 App	提供开发能力	知识产权共享
	高校	承接研发任务,进行基础研发、关键技术开发	资源、信息和能力共享	信息共享,知识产权共享

（续表）

相关利益方	角色	作用	价值贡献	价值诉求
社会化合作伙伴	科研院所	基础研究	资源、信息和能力共享	经济价值,知识产权共享
	科技企业	技术攻关	资源、信息和能力共享	经济价值,知识产权共享
	金融机构	提供资金	提供资金	投资回报
	政府	提供创新环境,创新文化	提供资金和环境	投资回报,创新型社会

依据各个相关利益方的价值贡献和价值诉求,设计相关利益方价值主张,相关利益方价值主张表示为 $SVP = \{SVP_1, SVP_2, \cdots, SVP_n\}$。

3）生态系统价值主张

（1）定义和特点。

生态系统价值主张作为一种战略工具,以用户价值为出发点和归宿,为用户提供产品与服务,基于共同的愿景和目的连接生态系统内各创新主体,促进资源共享和价值传递,明确价值共创的方向,并为各相关利益方提供价值回报,平衡利益冲突使生态系统处于稳健发展状态,同时各方共同承担风险。表3-4为生态系统价值主张与个体价值主张的对比,反映了两者之间的区别和联系。

表3-4 生态系统价值主张与个体价值主张的对比

对比项	个体价值主张	生态系统价值主张
视角	价值由一方提供给另一方	生态系统内共创价值
价值形式	经济价值、社会价值、情感价值	生态系统价值
价值创造逻辑	价值交付系统逻辑	服务主导逻辑,生态系统逻辑
受益对象	个体	所有参与者及整个生态系统
提供物	产品/服务/体验/市场/利润	提供价值溢出及生态系统的可持续性的环境
思维模式	接受者价值最大思维	共赢思维

(续表)

对比项	个体价值主张	生态系统价值主张
作用	市场交流工具	战略工具
商业模式创新	价值主张、价值创造、价值传递、价值获取	共享价值
角色之间关系	企业对企业(B2B)、企业对用户(B2C)的线性关系	主体对主体(actor-to-actor,A2A)的网络关系
价值创造方式	价值创造,客户参与的价值共创	多方参与的价值共创
关系管理	客户关系管理,组织关系管理	相关方关系管理

(2)与用户价值主张、相关方价值主张的关联关系。

如图3-9所示,三种价值主张之间是包含与被包含关系。用户价值主张是核心,其价值关注点为四种用户价值,即交换价值、使用价值、体验价值和情境价值,直接获益方为用户。相关方价值主张包含用户价值主张,其价值关注点为经济价值、社会价值和环境价值,其直接获益方为各相关利益方。生态系统价值主张又包含相关方价值主张,其价值关注点为生态系统价值,包括涌现性、可持续性和平衡性价值,其直接获益方也是全体参与者,即核心企业、用户、合作伙伴网络构成的三主体。

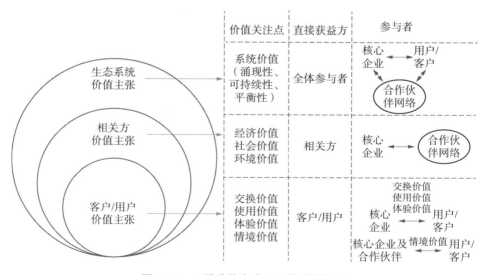

图3-9 三种价值主张之间的关联关系

　　如图 3 - 10 所示,由于生态系统的涌现性和价值共创,智能产品创新生态系统的价值等于所有个体价值、所有涌现价值及生态系统可持续价值的总和。因此,生态系统的价值主张不仅包含个体价值主张,如用户价值主张、产品提供商价值主张、核心企业价值主张、服务提供商价值主张、社会化合作伙伴价值主张等,还包含生态系统本身可持续健康发展的价值主张。

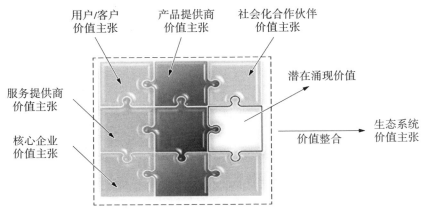

图 3 - 10　生态系统价值主张与个体价值主张之间的关系

　　(3) 生态系统价值主张的设计。

　　生态系统价值主张从整体层面考虑对用户、对相关利益方、对核心企业及对生态系统本身的价值。生态系统价值主张的内容见表 3 - 5。

表 3 - 5　生态系统价值主张的内容

生态系统价值主张类型		生态系统价值主张内容
对用户的价值主张		提供用户满意的产品、服务、体验,获得参与感和荣誉感,帮助客户获得商业成功
对相关利益方的价值主张	技术和工程创新合作伙伴	对合作伙伴进行赋能,帮助合作伙伴增加收入降低成本,增强竞争力
	基础研究合作伙伴	推动基础理论突破,加速成果转化,跨越创新死亡之谷
对核心企业自身的价值主张		持续获得创新竞争力
对生态系统的价值主张		稳健发展,可持续性价值创造

3.2　核心生态伙伴选择方法

3.2.1　选择指标体系及评价模型

1）指标体系

智能产品创新生态系统的形成基于共同目标，即为了共同的价值。核心生态伙伴的作用主要体现在：①提供生态系统建设所需的关键要素，如创新资源、创新能力、创新平台等；②承担智能产品创新任务；③共同应对危机，分担智能产品创新风险。因此，核心生态伙伴选择需考虑以下五大原则：

（1）战略协同。核心生态伙伴应具有维持智能产品创新生态系统稳定的价值主张，与核心企业保持战略协同。个体价值主张也应与生态系统价值主张协同。

（2）组织协同。核心生态伙伴具有良好的组织能力和历史业绩，与核心企业之间基于创新平台有效协作，如小米公司和生态链公司形成"航母战斗群"式的泛集团，共同为用户服务。

（3）资源协同。核心生态伙伴具有互补的创新资源，可与核心企业之间进行资源共享和资源整合。

（4）业务协同。核心生态伙伴具有良好的创新能力，与核心企业基于创新生态位和创新链分工，可实现物质流、能量流、信息流、知识流的顺畅流动。

（5）价值协同。核心生态伙伴与核心企业收益共享，风险共担。

根据以上原则，构建了核心生态伙伴选择指标体系，见表 3-6。一级指标包括创新资源、创新能力、兼容性和合作能力。

表 3-6　核心生态伙伴选择指标

评价指标		指标含义
创新资源	人力资源	研发人员质量
	技术资源	掌握的核心技术水平
	市场资源	市场份额、市场竞争力强弱
	信息资源	可共享的数据、信息，如产品数据、用户数据、市场信息比例等
	知识资源	可共享的知识、方法、工具、模型、标准、规范、专利比例

（续表）

评价指标		指标含义
创新能力	技术能力	技术创新能力、产品创新能力
	学习能力	对新技术和新知识的吸收、转化和创新能力
	服务能力	服务创新能力
	行业能力	行业影响力、技术影响力、技术重要性、技术稀缺性
	市场能力	开拓市场和商业模式创新的能力
兼容性	资源兼容	生态伙伴所具备的核心资源与生态系统所需的资源之间的匹配性
	能力兼容	生态伙伴所具备的核心能力与生态系统所需的能力之间的匹配性
	文化兼容	文化与生态系统的一致性
	战略兼容	价值目标与生态系统的一致性
	组织兼容	创新团队组织能力互补性
合作能力	合作声誉	合作的诚信和道德水平
	合作态度	合作的积极性
	合作绩效	合作的成功率
	风险应对	承担风险的能力
	共生能力	协作、配合能力

（1）创新资源。创新资源指标衡量核心生态伙伴所具备创新资源的质量和可共享的比例，其二级指标包括人力资源、技术资源、市场资源、信息资源和知识资源等。

（2）创新能力。创新能力指标衡量核心生态伙伴的创新能力水平，其二级指标包括技术能力、学习能力、服务能力、行业能力和市场能力等。

（3）兼容性。兼容性指标衡量核心生态伙伴与核心企业的适配程度，其二级指标包括资源兼容、能力兼容、文化兼容、战略兼容和组织兼容等。

（4）合作能力。合作能力指标衡量核心生态伙伴的历史合作情况，其二级指标包括合作声誉、合作态度、合作绩效、风险应对和共生能力等。

2）评价模型

在上一小节所列指标的基础上，构建核心生态伙伴选择评价模型，如图 3-11 所示。核心生态伙伴选择评价模型包含四个关键维度，这四个维度综合考虑了核心生态伙伴选择的不同方面,从资源、能力、兼容性和合作能力等角度评估伙伴的适合程度。通过这个评价模型,可以更全面地了解伙伴的优势和潜在风险,以做出更明智的合作决策。

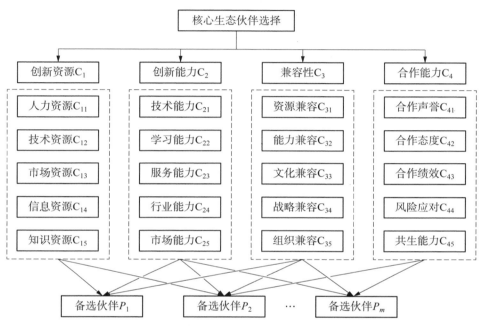

图 3-11　核心生态伙伴选择评价模型

3.2.2　基于直觉模糊 VIKOR 法的生态伙伴选择方法

智能产品的创新生态系统核心生态伙伴选择属于多准则群体决策问题,在决策过程中,专家难以从多个潜在核心生态伙伴中选择完全满足需求的合作伙伴,只能选择妥协解最优的核心生态伙伴贴近实际决策。由于妥协解排序法(VIKOR)[66]在处理评价数据之间的不可公度性及获得妥协最优方案方面较其他方法有优势,因此,本书采用基于直觉模糊数的 VIKOR 法进行生态伙伴选择。

定义　直觉模糊数或直觉模糊集

设直觉模糊集 $A = \{\langle x, \mu_A(x), \eta_A(x), \pi_A(x) \rangle | x \in X\}$。$\mu_A(x) \in [0, 1]$,为隶属度,表示元素 x 属于 A 的支持程度,$\eta_A(x) \in [0, 1]$ 为非隶属度,

表示元素 x 属于 A 的反对程度，$\pi_A(x)=1-\mu_A(x)-\eta_A(x)$ 为犹豫度，表示对 x 属于 A 的犹豫程度。

基于直觉模糊数的 VIKOR 法的具体步骤如下：

步骤 1：明确智能产品创新生态系统核心生态伙伴选择的原则，制定评价指标体系（表 3-6）和评价等级集。

步骤 2：根据价值主张确定备选核心生态伙伴，构建专家直觉模糊评价矩阵。

$P=\{p_1,p_2,\cdots,p_m\}$ 为备选核心生态伙伴集合，$C=\{C_1,C_2,\cdots,C_n\}$ 为评价准则集合，$E=\{E_1,E_2,\cdots,E_s\}$ 为专家集合。专家 E_k 的评价矩阵为

$$G^k=(x_{ij}^k)_{m\times n}=\begin{array}{c} \\ p_1 \\ p_2 \\ \vdots \\ p_m \end{array}\begin{array}{cccc} C_1 & C_2 & \cdots & C_n \end{array}\begin{bmatrix} x_{11}^k & x_{12}^k & \cdots & x_{1n}^k \\ x_{21}^k & x_{22}^k & \cdots & x_{2n}^k \\ \vdots & \vdots & \ddots & \vdots \\ x_{m1}^k & x_{m2}^k & \cdots & x_{mn}^k \end{bmatrix} \quad (3-1)$$

式中　x_{ij}^k ——第 k 个专家对备选核心生态伙伴 P_i 在评价指标 C_j 下的评价值。

对语义评价信息采用由 7 个粒度的语义评语集 S 来描述，$S=[VW，W，MW，M，MS，S，VS]$。

对评价信息进行规范化处理，转化成直觉模糊数。对应关系见表 3-7。

表 3-7　语义变量与直觉模糊数之间的对应关系

序号	语义	直觉模糊数
1	很弱（VW）	(0.05, 0.95, 0.00)
2	弱（W）	(0.20, 0.75, 0.05)
3	较弱（MW）	(0.35, 0.55, 0.10)
4	中等（M）	(0.50, 0.40, 0.10)
5	较强（MS）	(0.65, 0.25, 0.10)
6	强（S）	(0.80, 0.15, 0.05)
7	很强（VS）	(0.95, 0.05, 0.00)

步骤 3：计算专家权重。

根据专家的犹豫度[20]计算专家客观权重。犹豫度越大，反映专家对评价信息的不确定程度越大，专家信任度越小，客观权重越小。定义专家 E_k 的信任函数 D_k 为

$$D_k(\pi) = \frac{-1}{\left\{ \left(\sum\limits_{i=1}^{m} \sum\limits_{j=1}^{n} \pi_{ij}^k \right) \ln \left(\sum\limits_{i=1}^{m} \sum\limits_{j=1}^{n} \pi_{ij}^k \right) \right\}} \qquad (3-2)$$

则专家 E_k 客观权重 λ_k^1 为

$$\lambda_k^1 = D_k(\pi) \Big/ \sum_{k=1}^{s} D_k(\pi) \qquad (3-3)$$

设 $T_k = (\mu_k, \eta_k, \pi_k)$ 为对专家 E_k 重要程度评价的直觉模糊数，其取值范围具体见表 3-8，则专家 E_k 主观权重为 λ_k^2 为

$$\lambda_k^2 = \frac{\left[\mu_k + \pi_k \left(\dfrac{\mu_k}{1 - \pi_k} \right) \right]}{\sum\limits_{k=1}^{s} \left[\mu_k + \pi_k \left(\dfrac{\mu_k}{1 - \pi_k} \right) \right]} \qquad (3-4)$$

表 3-8　专家重要度与直觉模糊数之间的对应关系

序号	重要度等级	直觉模糊数 T_k
1	很重要（VI）	(0.90, 0.05, 0.05)
2	重要（I）	(0.75, 0.20, 0.05)
3	中等（MI）	(0.50, 0.40, 0.10)
4	不重要（UI）	(0.25, 0.60, 0.15)
5	非常不重要（VU）	(0.10, 0.80, 0.10)

考虑主观权重和客观权重，通过组合赋权法，可得专家 E_k 综合权重 λ_k 为

$$\lambda_k = \alpha \cdot \lambda_k^1 + (1 - \alpha) \cdot \lambda_k^2 \qquad (3-5)$$

其中，α 取值 0.5。

步骤 4：构建综合群决策直觉模糊评价矩阵。

通过直觉模糊相关平均算子集结各专家评价矩阵，得到综合直觉模糊评价矩阵为

$$G = (g_{ij})_{m \times n}$$

$$g_{ij} = \lambda_1 \widetilde{x}_{ij}^1 \oplus \lambda_2 \widetilde{x}_{ij}^2 \oplus \cdots \oplus \lambda_s \widetilde{x}_{ij}^s$$

$$= \left[1 - \prod_{k=1}^{s} (1 - \mu_{ij}^{(k)})^{\lambda_k}, \prod_{k=1}^{s} (\eta_{ij}^{(k)})^{\lambda_k}, \prod_{k=1}^{s} (1 - \mu_{ij}^{(k)})^{\lambda_k} - \prod_{k=1}^{s} (\eta_{ij}^{(k)})^{\lambda_k} \right]$$

$$(3-6)$$

采用基于直觉模糊熵[21]的方法计算准则权重,指标 C_j 的直觉模糊熵为

$$e_j = \frac{1}{m} \sum_{i=1}^{m} \cos \frac{(\mu_{ij} - \eta_{ij})(1 - \pi_{ij})}{2} \pi \qquad (3-7)$$

指标 C_j 的权重 ω_j 为

$$\omega_j = \frac{1 - e_j}{n - \sum\limits_{j=1}^{n} e_j} \qquad (3-8)$$

步骤 5:计算备选正理想解与负理想解。

$$g_j^+ = \begin{cases} \max g_{ij}, & C_j \in I_B \\ \min g_{ij}, & C_j \in I_C \end{cases} \qquad (3-9)$$

$$g_j^- = \begin{cases} \min g_{ij}, & C_j \in I_B \\ \max g_{ij}, & C_j \in I_C \end{cases} \qquad (3-10)$$

式中　I_B ——效益型指标,数值越大代表越好;

I_C ——成本型指标,数值越大代表越不好。

步骤 6:根据欧几里得距离计算最大群体效用值 S,最小个体遗憾值 R 和折中值 Q。

$$S(p_i) = \sum_{j=1}^{n} \frac{\omega_j d(g_j^+, g_{ij})}{d(g_j^+, g_j^-)} \qquad (3-11)$$

$$R(p_i) = \max_{1 \leqslant j \leqslant n} \left\{ \frac{\omega_j d(g_j^+, g_{ij})}{d(g_j^+, g_j^-)} \right\} \qquad (3-12)$$

$$Q(p_i) = \theta \frac{S(p_i) - \min\limits_{1 \leqslant i \leqslant m} \{S(p_i)\}}{\max\limits_{1 \leqslant i \leqslant m} \{S(p_i)\} - \min\limits_{1 \leqslant i \leqslant m} \{S(p_i)\}} + (1 - \theta) \frac{R(p_i) - \min\limits_{1 \leqslant i \leqslant m} \{R(p_i)\}}{\max\limits_{1 \leqslant i \leqslant m} \{R(p_i)\} - \min\limits_{1 \leqslant i \leqslant m} \{R(p_i)\}}$$

$$(3-13)$$

$$d(a,b)=\sqrt{\frac{1}{2}\left[(\mu_a-\mu_b)^2+(\eta_a-\eta_b)^2+(\pi_a-\pi_b)^2\right]} \quad (3-14)$$

式(3-13)中,折中系数 $\theta\in[0,1]$,$\theta=0.5$ 表示同时考虑群体效用值 S 和个体遗憾值 R 进行决策;$\theta>0.5$ 表示依据最大化 S 进行决策,即以大多数决策者同意的意见决策;$\theta<0.5$ 表示依据最小化 R 进行决策,即以大多数决策者反对的意见决策。式(3-14)中,$d(a,b)$ 为直觉模糊数 $a=(\mu_a,\eta_a,\pi_a)$ 与 $b=(\mu_b,\eta_b,\pi_b)$ 之间的欧式距离。

步骤 7:根据计算结果排序,确定核心生态伙伴。

按 Q 值递增排序,得到集合 $Q=\{Q^1,Q^2,\cdots,Q^m\}$。Q^1 对应 Q 值最小的备选伙伴 P^1。 根据 Q 值、S 值、R 值满足的条件,可以得到不同解结果,具体见表3-9。

表3-9　解结果类型

序号	条件1: $Q(P^2)-Q(P^1)\geqslant\dfrac{1}{m-1}$	条件2: P^1 按 S、R 排序仍最优	解结果
1	满足	满足	$\{P^1\}$
2	满足	不满足	$\{P^1,P^2\}$
3	不满足	满足	$\{P^1,P^2,\cdots,P^j\}$。其中 P^j 满足 $Q(P^j)-Q(P^1)<\dfrac{1}{m-1}$

最优解方案:若满足 $Q(P^2)-Q(P^1)\geqslant\dfrac{1}{m-1}$,且 P^1 按 S 和 R 排序仍最优,则最优解为 $\{P^1\}$。

妥协解方案:若仅满足 $Q(P^2)-Q(P^1)\geqslant\dfrac{1}{m-1}$,则妥协解方案为 $\{P^1,P^2\}$。

若仅满足 P^1 按 S 和 R 递增排序仍最优,则妥协解方案为 $\{P^1,P^2,\cdots,P^j\}$。

3.3 基于 SPIE‑VSM 的系统结构模型与创新生态规划

3.3.1 基于 SPIE‑VSM 的创新生态系统结构模型

英国学者斯塔福德·比尔(Stafford Beer)把控制论、系统论和信息论引入组织管理中,通过类比人脑对身体的控制,提出了活系统模型(viable system model,VSM)[22],用于设计和诊断系统生存能力或活力,使其动态适应环境变化而持续性存活。该模型为本书分析智能产品的创新生态系统运行过程中各要素之间的动态平衡提供了参考。因此,本书对传统 VSM 模型进行了改进和拓展,构建了基于 VSM 模型的用户价值驱动下,智能产品创新生态系统结构模型 SPIE‑VSM,以刻画智能产品的创新生态系统构成要素之间的动态关联,反映生态系统运行过程中的动态适应性和自我调节能力。该模型由 S1、S2、S3、S3*、S4、S5 六大系统组成,对照传统 VSM 模型,其具体含义见表 3‑10。

表 3‑10 基于活系统模型的智能产品的创新生态系统结构要素说明

系统	人体调节系统	VSM	SPIE‑VSM
S1	肌肉、器官	操作执行系统	价值共创活动
S2	神经系统	局部协调系统	生态系统主导者(核心企业)
S3	小脑	优化控制系统	创新平台
S3*	神经反馈回路	监测审视系统	系统共生保障机制
S4	中脑	外部信息处理系统	资源及能力配置
S5	大脑	顶层决策系统	生态系统价值主张

由于四种用户价值(交换价值、使用价值、体验价值、情境价值)呈递进关系,因此不同用户价值驱动下的 SPIE‑VSM 模型如图 3‑12 所示。该模型包括环境(environment,E)、管理(management,M)、运作(operation,O)三部分。

环境(E)对智能产品创新生态系统的形成、发展和进化起着重要作用。智能产品创新生态系统与创新环境进行着广泛的物质、能量、信息和知识交换。创新环境的改变是引起创新生态系统调整的外部因素。价值共创(S1)中共创

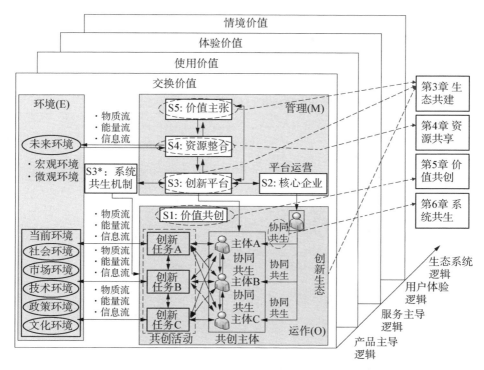

图 3-12 用户价值驱动下智能产品创新生态系统结构模型

活动所处的环境为当前环境,包括社会环境、市场环境、技术环境、政策环境、文化环境等。由于智能产品创新生态系统需要不断适应外部环境的变化,为创新生态系统的运行筹备物质、能量和资源,资源及能力配置(S4)所处的环境为未来环境。

管理(M)包括生态系统价值主张(S5)、资源及能力配置(S4)和创新平台(S3)。不同类型的生态系统价值主张决定了资源及能力配置要求和方式不同。核心企业作为生态系统主导者(S2),负责运营创新平台,同时协调共创主体之间的关系。关于基于创新平台的资源共享的具体内容,将在本书第 4 章资源共享章节详细介绍。

运行(O)涉及智能产品创新相关的价值共创(S1),包括共创活动和共创主体。基于创新平台的资源共享为共创活动提供支撑和资源供给,共创主体分享共创活动产生的增值价值。关于价值共创的具体内容,将在本书第 5 章价值共创章节详细研究。系统共生机制(S3*)对共创主体进行关系管理,解决共创过程中的价值冲突，共创主体之间基于共生关系形成协同共生网络。关于协同共生的内容，将在本书第 6 章系统共生章节详细研究。

不同价值驱动下模型中的具体要素见表 3-11。

表 3-11   不同用户价值驱动下的 SPIE-VSM 模型要素对比

模型要素	交换价值驱动	使用价值驱动	体验价值驱动	情境价值驱动
创新活动 (S1)	产品创新（功能、结构、性能等）	产品创新、服务创新、系统集成创新	产品服务创新、体验创新、平台集成创新	产品服务体验集成创新、模式创新、生态集成创新
生态系统主导者(S2)	核心企业			
创新平台 (S3)	研发平台	研发平台、服务平台	研发平台、服务平台、众创平台	研发平台、服务平台、众创平台、赋能平台
系统共生机制(S3*)	供应商关系管理	供应商关系管理、客户关系管理	合作伙伴关系管理	主体对主体 A2A 参与者关系管理
资源及能力配置 (S4)	产品创新资源及开发能力	产品与服务创新资源及开发能力	产品、服务、体验创新资源及开发能力	围绕场景开发与创新所需的资源及能力
价值主张 (S5)	交换价值	使用价值	体验价值	情境价值
创新主体	设计商、供应商、高校、研发人员等	设计商、高校、研发人员、供应商、用户、服务商、集成商等	设计商、高校、研发人员、供应商、用户、服务商、开发者、交互设计师等	设计商、高校、研发人员、交互设计师、社群（用户社群、开发者社群、服务商社群）、硬件提供商、软件提供商、网络通信商、联盟协会等
交互范围	无交互	用户与产品交互	用户与产品及服务交互	用户与产品、用户与服务、用户和参与者交互

3.3.2   创新平台设计

作为智能产品创新生态系统的基础设施，创新平台发挥重要作用，包括促进资源汇聚、创意孵化，提供创新资源、创新能力和创新服务，支撑资源共享、价值共创、系统共生和创新共赢。

1）创新平台的主体

创新平台主体包括三类，分别是平台运营方、创新资源或服务的需求方及创新资源或服务的提供方。运营方一般是核心企业、第三方或政府。本书的研究对象是以核心企业为主导的智能产品创新生态系统，因此本书讨论的平台运营方为核心企业。需求方和提供方为单个创新主体或创新组织，如用户、中小微企业。三类主体与平台的关系如图 3-13 所示。

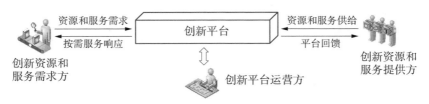

图 3-13　创新平台主体

平台三类主体的职责及作用见表 3-12。

表 3-12　平台相关主体的角色和职责

角　色	职责及作用	
平台运营方	提供平台基础共性模块及功能组件； 提供平台所需资源、能力、服务； 参与价值共创过程； 监控平台运行状态，维持系统稳定； 平衡自身利益与平台价值主张的冲突； 平衡平台参与方之间利益冲突	共同制定平台运行规则，共同分享价值共创成果
平台资源及能力提供方	提供平台所需互补的创新资源、创新能力、创新服务	
平台资源及能力需求方	依据规则获取创新资源、创新能力和创新服务	

2）创新平台结构设计

如图 3-14 所示，创新平台的结构设计为 4 层，分别是资源层、模块层、服务层、应用层。每个层次的功能如下：

资源层：汇聚分散化的创新资源和创新能力，如数据、知识、经验、技术、方法和工具资源，形成资源池，促进供给和需求对接，提供对外共享的资源服务。资源层的目的是分散资源集中利用，实现创新资源价值最大化，同时集中资源

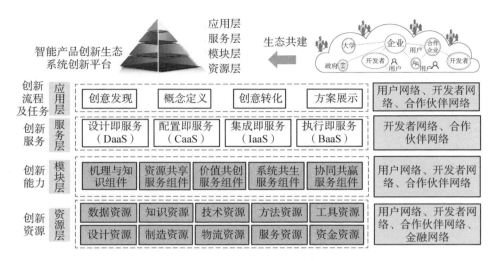

图 3‒14 创新平台层次结构

分散服务,使供求方和需求方实现对接,将创新资源最大化共享。

模块层:整合资源要素,如社会化用户资源、社会化开发资源、社会化服务资源和社会化金融资源,将其转化成创新能力,形成各类创新服务组件,如机理与知识组件、资源共享服务组件、价值共创服务组件、系统共生服务组件和创新共赢服务组件。

服务层:调用组件,提供设计、配置、集成和区块链服务。设计服务用于满足创新活动中对设计任务的需求。配置服务用于满足创新资源和创新能力供需配置需求,提供资源配置、能力配置服务。集成服务用于满足共创过程中对资源和能力的需求,提供资源集成服务、能力集成服务。区块链服务用于满足相关利益方对隐私和安全保护的需求,提供基于区块链的相关服务。

应用层:支撑创新链、创新流程及任务。

通过将创新平台划分为资源层、模块层、服务层、应用层等四个层级,实现与用户网络、开发者网络、合作伙伴网络、金融网络等合作伙伴的生态共建。

3) 创新平台的功能设计

创新平台的功能包括四类:交易、交换、交互及混合功能,并发挥以下四种作用。

(1) 供需对接:为创新供需双方提供对接服务,发挥中介作用,涉及需求方和提供方,体现交易功能。

（2）创新资源共享:吸收汇聚外部社会化创新资源,开放内部资源,发挥共享作用,涉及提供方和运营方,体现交换功能。

（3）服务型创新:提供全方位创新服务,发挥服务支撑作用,涉及需求方和运营方,体现交互功能。

（4）社会化众创:平台需求方、提供方、运营方协同创新,发挥中介、共享、服务、众创作用,涉及需求方、提供方和运营方,体现混合功能。

4）多平台生态

为了有效支撑不同创新主体的创新活动,创新平台设计成由一个主平台和多个子平台构成的多平台生态,如图 3-15 所示。子平台包括用户平台、开发者平台、资本平台和合作伙伴平台。创新平台设计过程中需要考虑平台开放度问题,因为开放度影响互补产品、服务、技术和资源的多样性。开放度越大,多样性越大,不同利益需求的创新主体之间的价值冲突也会增多,从而对生态系统的稳定性造成影响。

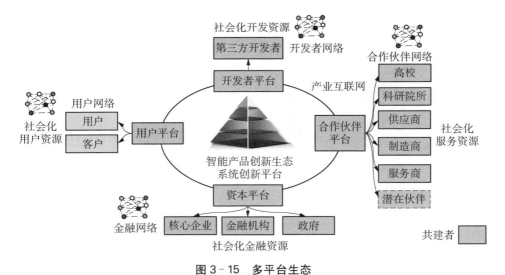

图 3-15　多平台生态

3.3.3　创新生态规划

如图 3-16 所示,结合智能产品创新的特点,智能产品创新生态系统的创新生态规划为"1+1+4"模式,其中第一个"1"指核心企业,第二个"1"指创新平台,"4"指四大生态,即用户生态、合作伙伴生态、技术生态和智能产品服务生态。

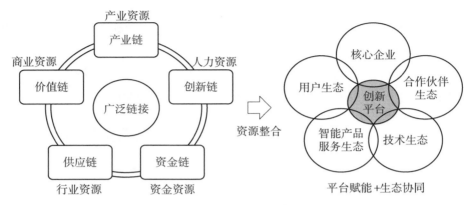

图 3-16 创新生态规划

1) 用户生态

用户生态指用户生态圈,包括用户需求生态圈和用户分享生态圈,由领先用户、普通用户、消费用户和体验用户组成,作用是提供用户需求及应用场景。

2) 智能产品服务生态

智能产品服务生态指围绕场景的产品组合、服务组合、产品服务组合,包括硬件生态、应用生态(海量应用、产品服务方案、App)、服务生态、内容生态。

3) 合作伙伴生态

合作伙伴生态即产业生态,包括知识合作伙伴(如提供技术或解决方案的高校、科研院所、智库、知识服务中介等)、开发者、产品合作伙伴(如智能终端提供商、芯片提供商等)和服务合作伙伴(如安全方案提供商、服务提供商等)。

其中,开发者生态发挥重要作用,它包括第三方独立开发者、软件开发工程师和软件公司开发者。开发者从核心企业获得的支持包括开发工具、开发环境、培训、技术支持、资源支持、知识库、软件库和工具库等。

4) 技术生态

技术生态包括研发技术、管理技术、信息技术(如人工智能、物联网、区块链等新一代信息技术)、开发工具、服务组件和接口协议等,具体组成要素见表3-13。

表 3-13　技术生态组成要素

组　　成	说　　明
信息技术	传统信息技术及新一代信息技术(边缘计算、云计算、大数据、物联网、人工智能、区块链等)
应用开发工具	建模工具(机理建模、流程建模、业务建模、可视化建模等)、开发模型、组态工具
服务组件库	模型组件库、算法组件库、产业知识组件库
API 接口协议	接口协议转换技术、标准兼容技术

5)核心企业、平台与生态之间的关系

核心企业、创新平台及四大创新生态之间的关联关系,如图 3-17 所示。核心企业通过平台连接四大生态,核心企业与合作伙伴生态协同创新,开发智能产品和服务,一方面不断丰富智能产品服务生态,另一方面丰富技术生态。智能产品服务生态服务于用户生态,最终用户一方面将用户反馈提供给创新平

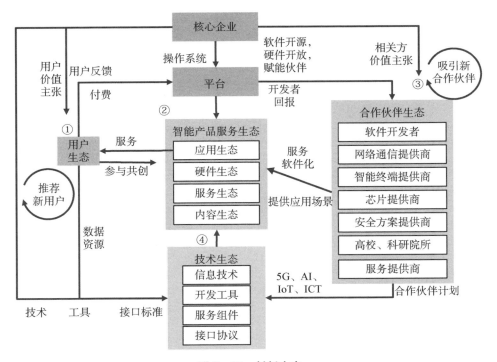

图 3-17　创新生态

台,另一方面用户生态产生的数据资源通过技术生态采集、分析和使用,用于挖掘用户需求,改进智能产品和服务。核心企业对合作伙伴生态进行软件开源、硬件开放,赋能生态伙伴,通过开发者社区和合作伙伴计划,提供应用场景、开发工具、编译器、软件知识、产业知识、交流平台、开发者活动、数据库、中间件等。

第4章 智能产品的创新生态系统资源共享理论与方法

　　智能产品的创新生态系统运行依赖于创新资源的流动。创新资源具有分散化、多样化和知识密集等特征,对智能产品创新活动具有重要作用。对于智能产品创新来说,创新资源的合理优化配置至关重要。资源共享关键在于有效供给、有效需求以及供需配置。现有的以云平台为主要特征的中心化资源共享模式存在缺陷,如存在隐私和信息安全问题,不能有效解决社会化环境下开放式创新生态系统资源共享意愿问题、信任问题和知识产权保护问题。如何构建安全可信的共享环境,保护创新主体的知识产权,是需要解决的问题。本章的目的是探究可信环境下智能产品的创新生态系统创新资源的供给、需求和匹配机制。

　　针对以上研究问题和目的,本章将研究智能产品的创新生态系统资源共享,其内容主要包括资源共享的思路、资源共享机理与资源供给、用户情境价值转化与资源需求、资源匹配方法与资源共享模式。

　　本章拟解决的关键科学问题是社会化环境下开放式创新生态系统运行过程中资源配置与共享机制,包括创新资源供给问题、基于用户情境价值的创新资源需求转化问题;以及考虑供需双方多主体情况下的创新资源匹配问题。针对研究问题构建了图4-1所示的构建思路。

　　其主要内容包括:

　　(1)资源共享机理及资源供给。首先,分析基于创新平台的资源共享机理模型,揭示创新资源共享的本质;其次,研究创新资源的属性和类型;最后,形成创新资源供给网络。

　　(2)用户情境价值转化与资源需求。首先,基于复杂网络理论构建情境域(context)-功能域(function)-结构域(structure)-任务域(task)-资源域(resource)-主体域(actor)相关联的CFSTRA超网络模型;其次,基于构建的

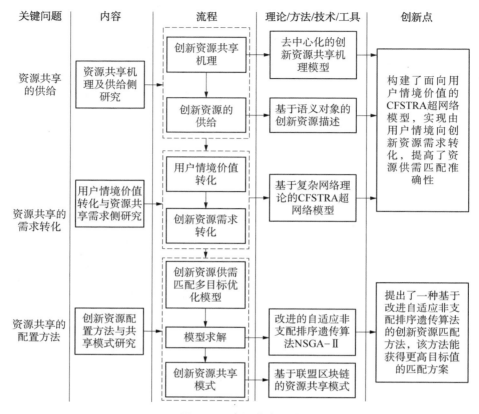

图4-1　资源共享思路

超网络模型,把用户情境需求转化为创新任务,并形成创新子任务网络;最后,由创新子任务映射为对创新资源的需求。

(3)创新资源匹配方法与共享模式。首先,提出了基于多目标优化的创新资源供需匹配模型;其次,对模型进行求解;最后,利用区块链技术,构建了基于联盟区块链的可信创新资源共享交易模型,提出一种去中心化创新资源共享模式,以解决中心化平台的隐私和安全问题及信用信任问题。

本章的创新点体现在以下几个方面:

(1)提出了面向用户情境价值的 CFSTRA 超网络模型,实现由用户情境向创新资源需求转化,提高资源供需匹配准确性。

(2)提出了一种基于改进的非支配排序遗传算法的创新资源匹配方法。综合考虑供需双方满意度最大以及供需资源匹配度最大,建立多目标优化模型,区别于现有文献中匹配度赋值为 1 的做法,本文从解决问题能力视角对创新资源需求与创新资源供给之间的特征相似度进行量化表达,提出的改进的自适应 NSGA - Ⅱ 方法能获得更高目标值的匹配方案,使匹配结果更有效。

（3）在现有研究基础之上,提出了一种基于联盟区块链的去中心化创新资源共享模式,区别于传统云平台的中心化资源共享模式,实现对创新资源知识产权保护。

4.1　去中心化创新资源共享机理及供给

4.1.1　共享机理

去中心化创新资源共享具有平台化、分布式、开放性、复用性等特点。创新资源共享的本质是以创新平台为基础,整合、配置分布式的创新资源和创新能力,提高资源利用效率,解决创新资源供需矛盾,涉及资源的汇聚、匹配和配置。

1）资源共享目标

资源共享的目标是通过配置分散化社会化的创新资源和创新能力,提高资源利用率和创新效率,实现整体价值最大且成本最小。

2）资源共享核心要素

根据共享经济理论,实现资源共享需要满足以下五个要素条件:

（1）存在有效供给,即存在可共享的内容、供给主体及共享意愿。

（2）存在有效需求,即存在对资源共享的需求和需求主体。

（3）存在共享媒介及匹配机制,即共享平台和供需匹配机制。

（4）存在预期收益,资源供需双方通过共享资源后,能获得一定收益,如需求方获得资源后降低成本、提高收益,供给方提供资源后获得激励和回报。

（5）具有安全保障机制,即能解决信任和隐私保护问题。

基于以上分析,构建了基于 SCEP 模型的去中心化创新资源共享机理模型,如图 4 - 2 所示。该模型包括:监管者（supervisor, S）,即创新平台运营者,指对资源共享交易进行运营和管理的主体;用户（customers, C）,即创新资源需求者,指对创新资源有购买需求的主体;环境（environment, E）,即建立在区块链网络基础之上的可信共享环境;生产者（producer, P）,即创新资源供给者,指提供可度量、可评估、可交易、可共享创新资源的主体。

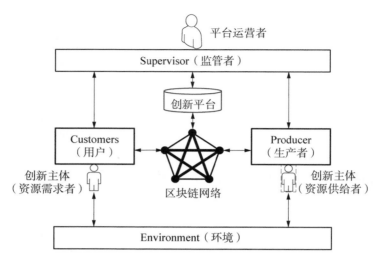

图 4-2   基于 SCEP 模型的创新资源共享机理模型

4.1.2 创新资源供给

1)创新资源来源

创新资源来源于第 3 章生态共建章节中的创新生态,即创新生态系统相关利益方(表 4-1)。

表 4-1   创新资源来源

来源	相关方	描 述
用户资源	用户	用户对产品、服务、体验的理解和认知,用户数据资源
开发资源	第三方开发者	独立开发者具备的开发知识、开发经验和开发能力
服务资源	高校/科研院所	研究单位具有的人才、项目、科研等资源,包括知识、技术、方法、工具等
	供应商	软件资源、硬件资源(如零部件、设备)和服务资源等
	代工企业	生产制造资源和产能
	行业协会	行业内领域知识、技术、方法、工具
社会化金融资源	投融资机构	金融资本
	政府	产业投资
	核心企业	设计、制造、物流、服务、资金等资源

2）创新资源类型

创新资源可分为智力资源、计算资源、能力资源和其他资源等四大类，具体见表 4-2。

表 4-2　创新资源类型

类　型		资源描述
智力资源	知识资源	想法、经验、知识、方法、工具、模型、标准、规范、专利等
	技术资源	新一代信息技术（云计算、大数据、物联网、人工智能）和研发技术
	人力资源	创新活动的参与者，如设计师、开发者、创客等
	软件资源	应用软件、系统软件，如设计、建模、仿真、分析、测试等软件
计算资源	数据资源	创新活动中所需的数据，如用户使用数据、产品数据等
	信息资源	创新活动中所需的信息，如市场信息、用户信息、法规、政策等
	设备资源	支撑系统运行的设备，如服务器、计算机、数据存储设备等
	共性服务资源	数据存储、分析和监测服务
能力资源	设计开发能力	利用相关资源完成设计任务的能力
	试验验证能力	利用相关资源完成试验验证任务的能力
	制造能力	利用相关资源完成样品试制的能力
	检测能力	利用相关资源完成检测任务的能力
	维修能力	利用相关资源完成维修任务的能力
其他资源	社会关系资源	商务关系
	其他创新资源	价值共创过程中不属于上述分类的其他资源
	资金资源	资本

3）创新资源属性

创新资源属性包括基本属性、状态属性、功能属性、服务属性和质量属性共五类，具体含义见表 4-3。

表 4-3　创新资源属性

创新资源属性		描　述
基本属性	资源 ID	创新资源的标识
	资源名称	创新资源名称

（续表）

创新资源属性		描　述
	资源类型	创新资源类型
	提供者	资源原始拥有者
	提供者 ID	创新资源提供者的标识
	地址	创新资源所在地
	接口	创新资源获取方式和途径
	购买方式	一次性购买产权或租用
状态属性	当前状态	空闲、使用中、修复、已耗尽、失效、资源数量
	已完成任务	创新资源曾用于某创新任务的完成
	待完成任务	等待完成的创新任务
功能属性	功能类型	用于解决问题的类型
	功能结果	用于解决问题的效果
	功能输入	支撑功能实现的输入信息
	功能输出	功能实现后的输出信息
服务属性	可用时间	创新资源可被使用时间
	应用场景	创新资源使用的对象、场景、方式
	交易价格	资源价格标准
	用户评价	用户满意度
质量属性	成功率	用于解决问题的成功比例
	匹配性	用于解决问题的符合性
	及时性	用于解决问题的及时性

4）创新资源形式化表达

依据上文创新资源属性，对创新资源进行形式化表达，用 IR 表示创新资源。表达式为

$$IR = \{BasAttri, FunAttri, SerAttri, StAttri, QuaAttri\}。$$

其中，

$BasAttri = \{IRName, IRID, IRType, IRProvider\}$——基本属性，包括创新资源名称、创新资源标识 ID、创新资源类型、创新资源提供者。

FunAttri＝{FunName，FunType，FunInput，FunOutput} ——功能属性，包括功能名称、功能类型、功能输入、功能输出。

SerAttri＝{SerName，SerID，SerType，SerQuality} ——服务属性，包括服务名称、服务标识、服务类型、服务质量。

StAttri＝{StName，StHistory} ——状态属性,包括状态名称、使用历史。

QuaAttri＝{QuaRate，QuaMatch，QuaTimely} ——质量属性,包括资源成功率、资源匹配性、资源解决问题及时性。

基于语义对象的创新资源描述如图 4 - 3 所示。创新资源包括微服务、资源、拥有者、状态、交易信息几个部分,这些部分共同构成了创新资源描述,通过清晰的分类和描述,帮助人们更好地理解和管理创新资源。这种描述方式有助于在团队内部或跨团队之间更有效地共享和利用资源。

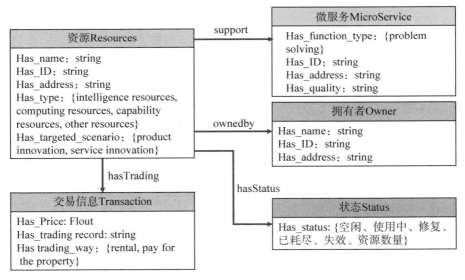

图 4 - 3　基于语义对象的创新资源描述

5）创新资源池

创新资源汇聚形成创新资源池,依据存储位置的不同,其可划分为云资源池（cloud innovation resource pool，C - IRP）和边缘资源池（edge innovation resource pool，E - IRP）。图 4 - 4 所示为基于云-边协同的创新资源池。

为保护创新资源知识产权,对于敏感和核心创新资源,创新主体可选择将资源实体储存在边缘侧（即资源提供者所在地）,将创新资源的数字化映射模型

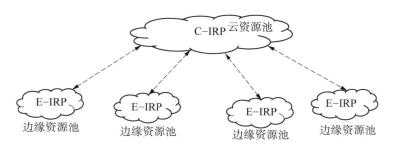

图 4-4 基于云-边协同的创新资源池

储存在云端创新资源池。对于公共创新资源和创新主体公开分享的创新资源，一般存储在云资源池，由创新平台运营者管理。

创新资源池具有以下特点：

（1）社会化。创新资源来源于多个分散社会化创新主体，创新资源属性、类型和形式各不相同。

（2）云端化。创新资源池采用云端和边缘协同方式，实现分布式资源云端集成化。

（3）互联化。通过云-边协同创新资源池，实现创新资源虚拟化、互联化。

（4）服务化。创新资源池汇聚资源，进行资源封装，以微服务方式为创新主体和创新活动提供支撑。

4.2 用户情境价值转化与资源共享需求

4.2.1 基于复杂网络理论的 CFSTRA 超网络模型

在上一节情境要素模型和用户情境价值基础上，本节基于复杂网络理论构建了 CFSTRA 超网络模型，用于从用户情境映射出对创新资源的需求。如图 4-5 所示，该模型融合了情境域（context）、功能域（function）、产品服务结构域（structure）、任务域（task）、资源域（resource）和主体域（actor）六个方面。

定义情境集合为 $C = \{c_1, c_2, \cdots, c_m\}$，情境节点 c_i 和 c_j 之间的关系表示为

$$\Gamma_C(c_i, c_j) = \begin{cases} 0 & (c_i \text{ 与 } c_j \text{ 无关联}) \\ 1 & (c_j \text{ 隶属于 } c_i) \end{cases} \qquad (4-1)$$

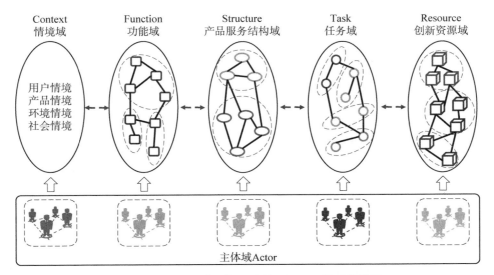

图 4-5　基于复杂网络理论的 CFSTRA 超网络模型

情境网络边的集合为 $E^C = \{(c_i, c_j) \mid \Gamma_C(c_i, c_j) = 1\}$，则情境网络表示为 $G^{CN} = (c, E^C)$。

类似地，功能集合为 $F = \{f_1, f_2, \cdots, f_n\}$，功能节点之间边的集合为 $E^F = \{(f_i, f_j) \mid \Gamma_F(f_i, f_j) = 1\}$，功能网络表示为 $G^{FN} = (f, E^F)$。

产品服务结构集合为 $S = \{s_1, s_2, \cdots, s_r\}$，结构节点之间边的集合为 $E^S = \{(s_i, s_j) \mid \Gamma_S(s_i, s_j) = 1\}$，结构网络表示为 $G^{SN} = (s, E^S)$。

任务集合为 $T = \{t_1, t_2, \cdots, t_q\}$，任务节点之间边的集合为 $E^T = \{(t_i, t_j) \mid \Gamma_T(t_i, t_j) = 1\}$，任务网络表示为 $G^{TN} = (t, E^T)$。

创新资源集合为 $R = \{r_1, r_2, \cdots, r_p\}$，资源节点之间边的集合为 $E^R = \{(r_i, r_j) \mid \Gamma_R(r_i, r_j) = 1\}$，资源网络表示为 $G^{RN} = (r, E^R)$。

创新主体集合为 $A = \{a_1, a_2, \cdots, a_k\}$，创新主体节点之间边的集合为 $E^A = \{(a_i, a_j) \mid \Gamma_A(a_i, a_j) = 1\}$，创新主体网络表示为 $G^{AN} = (a, E^A)$。

由此可得，情境网络与功能网络节点之间的关系为 $E^{CF} = \{(c_i, f_j) \mid \Gamma_{CF}(c_i, f_j) = 1\}$。

类似地，功能网络与结构网络节点之间的关系为 $E^{FS} = \{(f_i, s_j) \mid \Gamma_{FS}(f_i, s_j) = 1\}$。

结构网络与任务网络节点之间的关系为 $E^{ST} = \{(s_i, t_j) \mid \Gamma_{ST}(s_i, t_j) = 1\}$。

任务网络与资源网络节点之间的关系为 $E^{TR} = \{(t_i, r_j) \mid \Gamma_{TR}(t_i, r_j) = 1\}$。

情境网络与创新主体网络节点之间的关系为 $E^{CA} = \{(c_i, a_j) \mid \Gamma_{CA}(c_i, a_j) = 1\}$。

功能网络与创新主体网络节点之间的关系为 $E^{FA} = \{(f_i, a_j) \mid \Gamma_{FA}(f_i, a_j) = 1\}$。

结构网络与创新主体网络节点之间的关系为 $E^{SA} = \{(s_i, a_j) \mid \Gamma_{SA}(s_i, a_j) = 1\}$。

任务网络与创新主体网络节点之间的关系为 $E^{TA} = \{(t_i, a_j) \mid \Gamma_{TA}(t_i, a_j) = 1\}$。

资源网络与创新主体网络节点之间的关系为 $E^{RA} = \{(r_i, a_j) \mid \Gamma_{RA}(r_i, a_j) = 1\}$。

因此,基于复杂网络理论的 CFSTRA 超网络模型表示为

$$G^h = \begin{pmatrix} C, F, S, T, R, A, E^C, E^F, E^S, E^T, E^R, E^A, \\ E^{CF}, E^{FS}, E^{ST}, E^{TR}, E^{CA}, E^{FA}, E^{SA}, E^{TA}, E^{RA} \end{pmatrix} \quad (4-2)$$

此模型为面向用户情境价值的资源需求转化,其实质上是从用户情境域到创新资源域的映射过程。面向用户情境价值的创新资源需求转化过程共分为五个步骤。

步骤1:明确用户情境需求和用户情境价值。

作为转化过程的输入,首先需要分析用户情境,明确用户情境需求及用户情境价值。

步骤2:情境网络与产品服务功能网络之间的映射。

明确用户情境价值之后,需要将用户情境需求转化为产品或服务的功能。由于用户情境价值涉及多个场景的用户需求,因此,转化成的功能往往超出单个智能产品的功能范围,需要多个产品或服务的组合,满足用户情境需求。该阶段把多个情境需求映射为多个产品功能模块或多个服务功能组件的组合。

步骤3:产品服务功能网络与产品服务结构网络之间的映射。

由于功能与结构的关联关系,需将产品服务功能组合映射成广义产品结构和广义服务结构,以利于下一步定义创新任务。

步骤4:产品服务结构网络与创新任务网络之间的映射。

　　该步骤用于形成智能产品与服务整体解决方案。把广义智能产品结构映射为智能产品与服务方案后,分解为可执行的创新子任务,形成创新任务网络,以利于下一步明确智能产品创新过程对创新资源的需求。

　　步骤 5:创新任务网络与创新资源网络之间的映射。

　　依据各个创新子任务对创新资源的需求,形成创新任务网络对创新资源网络的整体需求。

4.2.2　基于 CFSTRA 超网络模型的资源需求映射过程

　　1)情境域向功能域映射

　　首先,根据情境要素模型,分析用户不同场景下的情境要素,形成用户情境需求。由于用户情境包含多个场景,因此需要多个产品服务组合来满足用户情境需求。根据 3.1.2 小节中对情境功能属性(C_FunAttri)的定义,情境功能属性包括情境功能目标、情境功能名称、情境功能类型、情境功能输入和情境功能输出。基于情境要素模型,分析用户情境需求与智能产品功能模块之间的关系。情境网络与功能网络之间的关系矩阵为

$$CF_{m \times n} = \begin{matrix} & \begin{matrix} f_1 & f_2 & \cdots & f_n \end{matrix} \\ \begin{matrix} c_1 \\ c_2 \\ \vdots \\ c_m \end{matrix} & \begin{bmatrix} x_{11}^1 & x_{12}^1 & \cdots & x_{1n}^1 \\ x_{21}^1 & x_{22}^1 & \cdots & x_{2n}^1 \\ \vdots & \vdots & & \vdots \\ x_{m1}^1 & x_{m2}^1 & \cdots & x_{mn}^1 \end{bmatrix} \end{matrix} \tag{4-3}$$

　　2)功能域向结构域映射

　　从结构模块功能实现的角度出发,构建功能网络与结构网络之间的关系矩阵为:

$$FS_{n \times r} = \begin{matrix} & \begin{matrix} s_1 & s_2 & \cdots & s_r \end{matrix} \\ \begin{matrix} f_1 \\ f_2 \\ \vdots \\ f_n \end{matrix} & \begin{bmatrix} x_{11}^2 & x_{12}^2 & \cdots & x_{1r}^2 \\ x_{21}^2 & x_{22}^2 & \cdots & x_{2r}^2 \\ \vdots & \vdots & \vdots & \vdots \\ x_{n1}^2 & x_{n2}^2 & \cdots & x_{nr}^2 \end{bmatrix} \end{matrix} \tag{4-4}$$

　　3)结构域向任务域映射

　　采用图 4-6 所示的基于 PBS-WBS 的映射模型[23],可以得到结构节点与任务节点的关联关系。

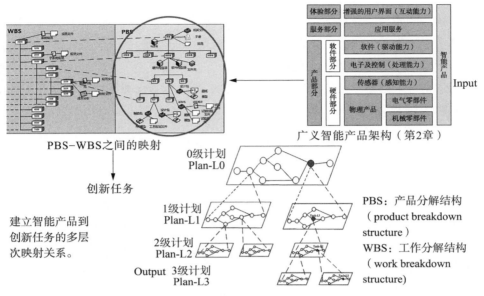

图 4-6　结构域向任务域映射过程

结构网络与任务网络之间的关系矩阵为

$$ST_{r\times q} = \begin{array}{c} \\ s_1 \\ s_2 \\ \vdots \\ s_r \end{array} \begin{array}{cccc} t_1 & t_2 & \cdots & t_q \\ \begin{bmatrix} x_{11}^3 & x_{12}^3 & \cdots & x_{1q}^3 \\ x_{21}^3 & x_{22}^3 & \cdots & x_{2q}^3 \\ \vdots & \vdots & & \vdots \\ x_{r1}^3 & x_{r2}^3 & \cdots & x_{rq}^3 \end{bmatrix} \end{array} \qquad (4-5)$$

4) 任务域向资源域映射

依据创新任务对资源的需求,构建任务网络与资源网络之间的关系矩阵为

$$TR_{q\times k} = \begin{array}{c} \\ t_1 \\ t_2 \\ \vdots \\ t_q \end{array} \begin{array}{cccc} r_1 & r_2 & \cdots & r_k \\ \begin{bmatrix} x_{11}^4 & x_{12}^4 & \cdots & x_{1k}^4 \\ x_{21}^4 & x_{22}^4 & \cdots & x_{2k}^4 \\ \vdots & \vdots & & \vdots \\ x_{q1}^4 & x_{q2}^5 & \cdots & x_{qk}^4 \end{bmatrix} \end{array} \qquad (4-6)$$

4.3　创新资源供需匹配方法与共享模式

4.3.1　创新资源供需匹配模型

1）问题描述

设创新资源需求方集合 $RD = \{D_1, D_2, \cdots D_m\}$，创新资源提供方集合 $RS = \{S_1, S_2, \cdots S_n\}$，需求方对提供方的满意度评价矩阵为 $A = [a_{ij}^k]_{m \times n}$，其中 a_{ij}^k 表示创新资源需求方 D_i 对创新资源提供方 S_j 在第 k 个满意度指标上的评价值。需求方对提供方的评价指标集为 $C^1 = \{C_1^1, C_2^1, \cdots, C_g^1\}$，指标权重向量为 $\omega^1 = \{\omega_1^1, \omega_2^1, \cdots, \omega_g^1\}$。同理，创新资源提供方对创新资源需求方的满意度评价矩阵为 $B = [b_{ij}^t]_{m \times n}$，其中 b_{ij}^t 表示创新资源提供方 S_j 对创新资源需求方 D_i 在第 t 个满意度指标上的评价值，提供方对需求方的评价指标为 $C^2 = \{C_1^2, C_2^2, \cdots, C_h^2\}$，指标权重向量为 $\omega^2 = \{\omega_1^2, \omega_2^2, \cdots, \omega_h^2\}$。

需求方对提供方的满意度为

$$\varphi_{ij} = \sum_{k=1}^{g} \omega_k^1 a_{ij}^k \qquad (4-7)$$

提供方对需求方的满意度为

$$\gamma_{ij} = \sum_{t=1}^{h} \omega_t^2 b_{ij}^t \qquad (4-8)$$

从解决问题能力的角度对创新资源需求与创新资源供给之间的特征进行匹配，如图 4-7 所示。假定资源需求描述向量为 $V_D = (rd_1, rd_2, \cdots rd_t)$，其中 rd_i 表示资源 D_i 的需求描述特征属性，包括待解决问题功能、待解决问题场景、待解决问题输入、待解决问题输出、待解决问题目标。资源供给的相应描述向量为 $V_S = (rs_1, rs_2, \cdots rs_t)$，其中 rs_i 代表资源供给 S_i 的特征属性，包括可解决问题功能、可解决问题场景、可解决问题输入、可解决问题输出、可解决问题效果。

子任务对资源的需求 RD 和资源的供给 RS 匹配程度 ξ_{ij} 用余弦表示为

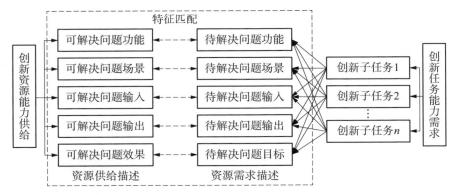

图 4-7 创新资源需求与资源供给之间的特征匹配

$$\xi_{ij} = \sin(RD, RS) = \cos(V_D, V_S) = \frac{\sum_{i=1}^{t}(rd_i \times rs_i)}{\sqrt{\sum_{i=1}^{t} rd_i^2} \sqrt{\sum_{i=1}^{t} rs_i^2}} \quad (4-9)$$

2）多目标优化模型

目标：以创新资源匹配度最大、供需双方满意度最大为目标，构建资源配置模型。

变量：r_{ij} 为 0—1 变量，表示资源供给与资源需求之间的匹配情况。$r_{ij}=1$ 表示供需匹配，否则 $r_{ij}=0$。φ_{ij} 表示需求方对提供方的满意度，如式（4-7）所示；γ_{ij} 表示提供方对需求方的满意度，如式（4-8）所示；ξ_{ij} 表示匹配程度，如式（4-9）所示。

目标函数：

$$\max_{D \to S} Q = \sum_{i=1}^{m} \sum_{j=1}^{n} \varphi_{ij} r_{ij} \quad (4-10)$$

$$\max_{S \to D} Q = \sum_{i=1}^{m} \sum_{j=1}^{n} \gamma_{ij} r_{ij} \quad (4-11)$$

$$\max_{D \leftrightarrow S} Q = \sum_{i=1}^{m} \sum_{j=1}^{n} \xi_{ij} r_{ij} \quad (4-12)$$

式（4-10）表示资源需求方对提供方的满意度 $Q_{D \to S}$ 最大，式（4-11）表示资源提供方对需求方的满意度 $Q_{S \to D}$ 最大，式（4-12）表示资源特征匹配度 $Q_{D \leftrightarrow S}$ 最大。

约束条件：

$$\sum_{i=1}^{m} r_{ij} \leqslant d_j \qquad\qquad (4-13)$$

$$\sum_{j=1}^{n} r_{ij} \leqslant s_i \qquad\qquad (4-14)$$

式（4-13）表示提供方 S_j 最多可匹配 d_j 个需求方，式（4-14）表示需求方 D_i 最多可匹配 s_i 个提供方。

4.3.2　模型求解

在求解多目标优化问题时，非支配排序遗传算法（non-dominated sorting genetic algorithms，NSGA）与其他多目标遗传算法相比具有一定优势，但传统 NSGA 存在计算复杂度高、缺少精英保存策略等缺陷，因此，本书提出了改进的带精英策略的自适应 NSGA-Ⅱ 算法（IA-NSGA-Ⅱ）对模型进行求解。

改进的自适应 NSGA-Ⅱ 算法的自适应竞赛规模 TS 为

$$TS_g = \left(\frac{2}{1+e^{\left(5-\frac{10g}{G}\right)}}-1\right)\left(\frac{TS_{\max}-TS_{\min}}{2}\right)+\left(\frac{TS_{\max}+TS_{\min}}{2}\right) \quad (4-15)$$

式中　　　　TS_g——第 g 代的竞赛规模；

　　　　　　G——最大进化代数；

$TS_{\max}$ 和 $TS_{\min}$——分别代表预先设置的最大和最小竞赛规模。

自适应交叉概率为

$$pc = \frac{pc_{\max}-pc_{\min}}{2}\left[\frac{1}{1+e^{\left(\frac{10(r_{\max}-r')}{r_{\max}-r_{\min}}-5\right)}}+\frac{1}{1+e^{\left(\frac{10g}{G}-5\right)}}-1\right]+\left(\frac{pc_{\max}+pc_{\min}}{2}\right)$$

$$(4-16)$$

式中　　pc、$pc_{\max}$ 和 $pc_{\min}$——分别代表当前自适应交叉概率、预先设置的最大和最小交叉概率；

　　　　　　r——两个父代中选中的染色体较低的非支配排序序号；

　　　　$r_{\max}$、$r_{\min}$——分别代表交配池中最大和最小序号。

自适应变异概率为

$$pm = \frac{pm_{\max} - pm_{\min}}{2} \left(\frac{1}{1 + e^{\left(\frac{10(r_{\max} - r)}{r_{\max} - r_{\min}} - 5\right)}} + \frac{1}{1 + e^{\left(\frac{10g}{G} - 5\right)}} - 1 \right) + \left(\frac{pm_{\max} + pm_{\min}}{2} \right)$$

$$(4 - 17)$$

式中 pm、$pm_{\max}$ 和 $pm_{\min}$ ——分别代表计算得到的自适应变异概率、预先
设置的最大和最小变异概率;

r ——为父代中选中的染色体非支配排序序号;

$r_{\max}$ 和 $r_{\min}$ ——分别代表交配池中最大和最小序号。

改进的自适应 NSGA-II 算法流程如图 4-8 所示,具体步骤如下:

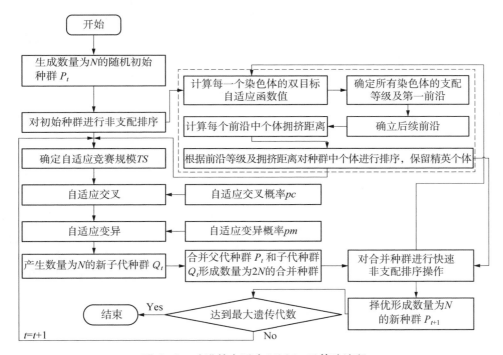

图 4-8 改进的自适应 NSGA-II 算法流程

步骤 1:随机生成数量为 N 的初始种群 P_t。

步骤 2:对初始种群进行非支配排序,得到非支配排序序号。

步骤 3:确定自适应竞赛规模 TS。

步骤 4：根据父代种群个体非支配排序序号，计算自适应交叉概率。

步骤 5：根据父代种群个体非支配排序序号，计算自适应变异概率。

步骤 6：产生数量为 N 的子代种群 Q_t。

步骤 7：合并父代种群 P_t 和子代种群 Q_t，形成规模为 $2N$ 的合并种群。

步骤 8：对合并种群进行非支配排序，并计算拥挤度，选出数量为 N 的最优个体作为下一代新种群 P_{t+1}。

步骤 9：判断遗传代数是否达到最大代数，如果达到，则结束；如果未达到，则转至步骤 3。

1）编码操作

染色体基因个数为 $m \times n$，具有 m 个分段（代表 m 个需求方），每个分段有 n 个基因（代表 n 个供应方），基因取值 0 或 1，当基因值 $r_{ij} = 1$，代表第 i 个需求方选中第 j 个供应方，如图 4-9 所示。

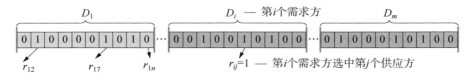

图 4-9 自适应 NSGA-Ⅱ算法的编码操作

2）交叉操作

首先，基于自适应交叉概率从交配池中选择两个父体。然后，从每个父体染色体中分别选择几个随机片段进行交换，在后代群体中产生两个子染色体。通过在同一代的交配池中重复这个操作，就产生了后代群体，如图 4-10 所示。

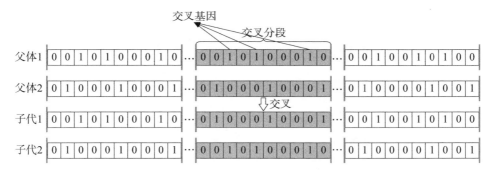

图 4-10 自适应 NSGA-Ⅱ算法的交叉操作

3）变异操作

首先，根据自适应变异概率从新后代群体中选择要变异的染色体。然后，从染色体中随机选择要变异的分段，将分段中基因值为 1 的基因重新分配为 0，而在变异分段中的另外相同数目的基因将被随机分配为 1。通过对每个染色体重复变异操作，产生一个新的变异后代群体，并与父代群体合并，如图 4 - 11 所示。

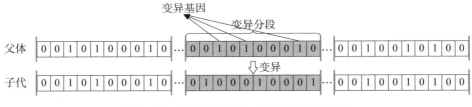

图 4 - 11　自适应 NSGA - Ⅱ算法的变异操作

4.3.3　基于联盟链的资源共享模式

1）联盟区块链

区块链根据去中心化程度不同，可分为三类，分别是公有链、联盟链和私有链。三种区块链的对比见表 4 - 4，可看出联盟链具有准入机制，且适用于特定组织或团体效率和性能方面比公有链高，支持节点数比私有链多，适用于本书研究的智能产品创新生态系统场景，因此选用联盟链来研究去中心化的创新资源共享问题。

表 4 - 4　三种区块链对比

类型	公有链	私有链	联盟链
去中心化程度	完全去中心化	中心化	部分去中心化
治理特点	自治	非自治	半自治
访问权限	公开	获准可访问	获准可访问
支持节点数	多	少	适中
节点进出限制	不受限	受限	准入机制
共识发起者	所有节点	单个节点	被选节点
加密算法	哈希函数算法	哈希函数算法	SHA256
隐私及安全性	低	高	较高

（续表）

类型	公有链	私有链	联盟链
适用场景	大众	少数团体	特定组织或团体
是否 Gas 费用	是	否	不一定
效率及性能	低	高	高

联盟区块链的节点类型见表 4-5，根据权限的差异可分为四种，即验证节点、执行节点、维护节点和普通节点。

表 4-5　联盟区块链节点类型

节点类型	权限	描　　述
验证节点	验证交易	验证交易合规性，签名，执行交易
执行节点	执行共识	运行共识算法
维护节点	区块链更新维护	提交区块，更新区块链
普通节点	发起交易	提出交易需求
	查询数据	查询资源

2）创新资源供给区块链

在前文提到的云边协同资源池模型基础上，考虑到创新资源来源的广泛性和社会性（social space），本书作者给出基于赛博物理社会系统（cyber physical social system，CPSS）的创新资源供给区块链模型。为保护创新资源安全和隐私，创新资源实体储存在物理空间（physical space）、虚拟化的创新资源储存在赛博空间（cyber space），如图 4-12 所示。

在文献[65]提出的知识区块链和知识交易区块链基础之上，本书构建了创新资源供给区块链、创新资源需求区块链和基于供需配置生成的创新资源交易区块链。图 4-13 为创新资源供给区块链形成过程。创新资源提供者（区块链中的普通节点）对创新资源进行描述，生成区块，发布到区块链网络，由验证节点审核确认，通过之后形成虚拟资源区块，加入创新资源区块链，完成资源上链过程。

3）创新资源需求区块链

基于 4.3.2 小节求解出的创新资源需求结果。资源需求方对需求资源进行描述。类似于资源上链过程，由验证节点审核通过后加入资源需求区块链，

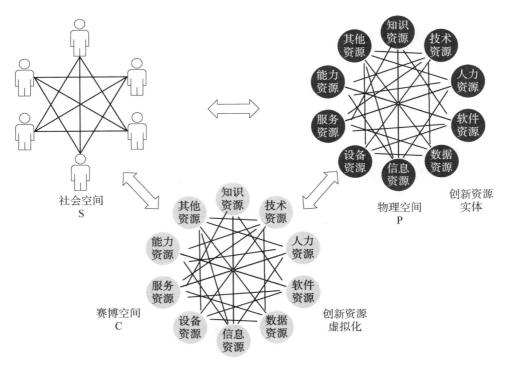

图 4-12　资源供给区块链

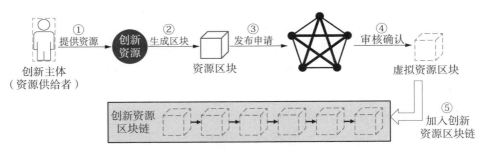

图 4-13　创新资源供给区块链形成过程

完成资源需求上链过程,如图 4-14 所示。

4) 创新资源供需匹配

去中心化的创新资源共享机制如图 4-15 所示。创新资源需求方把用户情境需求映射为创新资源需求,需求发布到资源需求链。创新资源供给方把资源信息发布到资源供给链,基于本书提出的资源配置方法进行匹配,双方在区块链网络进行资源价格和交付时间确认,签订协议。

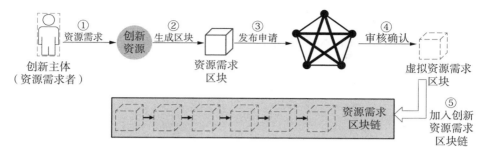

图 4-14　创新资源需求区块链形成过程

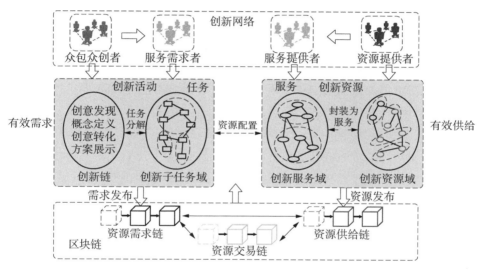

图 4-15　基于区块链的资源共享模式

5）资源交易链

如图 4-16 所示，双方签订协议后，生成资源交易区块，由验证节点审核后加入交易区块链，双方完成资源交付，至此资源共享完成。

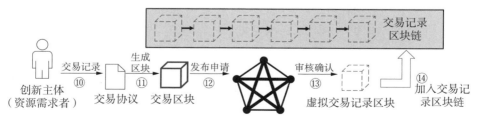

图 4-16　创新资源交易区块链形成过程

第**5**章 智能产品的创新生态系统价值
共创理论与方法

　　智能产品的创新生态系统运行的核心是围绕智能产品创新的价值创造活动。价值共创建立在资源共享基础之上,创新主体之间通过资源整合和价值交换共同创造价值。价值共创获得成功的关键在于选择合适的共创主体及合理分配共创价值。共创主体的选择直接影响向用户交付产品、服务和体验的能力和质量,关系到智能产品创新绩效和生态系统稳定性。本章从创新主体之间协同效应的视角选择合适的共创主体。此外,合理有序、公平公正的价值分配机制也影响价值共创过程和生态系统稳定性。因此,本章目的是探究社会化环境下开放式创新生态系统的价值共创机理、用户情境价值驱动下共创过程的关键要素以及共创价值的分配机制。

　　针对以上研究问题和目的,本章将研究智能产品的创新生态系统价值共创。其内容主要包括价值共创的思路、机理及共创过程分析、共创主体选择方法、共创价值分配方法等。

　　本章要解决的关键科学问题是面向用户情境价值的创新生态系统价值共创机理及价值分配机制,包括面向用户情境价值的价值共创机理及共创过程问题、考虑协同效应的价值共创主体选择问题、考虑公平和效率的共创价值分配机制问题。价值共创的研究思路如图 5 - 1 所示。

　　(1) 价值共创机理及共创过程分析。首先,基于服务主导逻辑的价值共创理论,在已有的核心企业与客户二元交互价值共创模型基础之上,构建了核心企业、用户、社会化合作伙伴三元智能产品创新价值共创过程模型;然后,基于第 3 章提出的 SPIE - VSM 模型,研究多方主体之间的交互,依次分析用户交换价值、使用价值、体验价值和情境价值下的共创过程,从价值共创的角度剖析智能产品创新的价值实现机制和价值共创过程,从而构建创新生态系统逻辑下

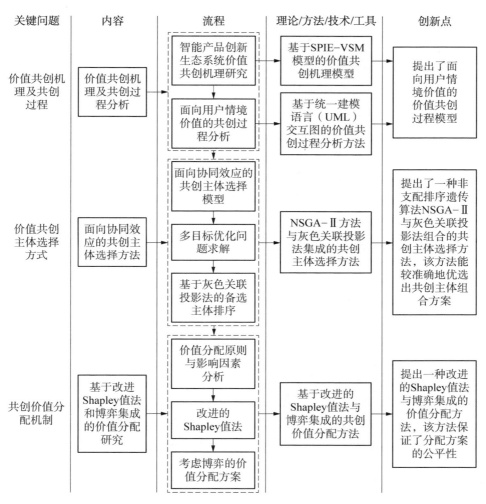

关键问题	内容	流程	理论/方法/技术/工具	创新点
价值共创机理及共创过程	价值共创机理及共创过程分析	智能产品创新生态系统价值共创机理研究 面向用户情境价值的共创过程分析	基于SPIE-VSM模型的价值共创机理模型 基于统一建模语言（UML）交互图的价值共创过程分析方法	提出了面向用户情境价值的价值共创过程模型
价值共创主体选择方式	面向协同效应的共创主体选择方法	面向协同效应的共创主体选择模型 多目标优化问题求解 基于灰色关联投影法的备选主体排序	NSGA-Ⅱ方法与灰色关联投影法集成的共创主体选择方法	提出了一种非支配排序遗传算法NSGA-Ⅱ与灰色关联投影法组合的共创主体选择方法，该方法能较准确地优选出共创主体组合方案
共创价值分配机制	基于改进Shapley值法和博弈集成的价值分配研究	价值分配原则与影响因素分析 改进的Shapley值法 考虑博弈的价值分配方案	基于改进的Shapley值法与博弈集成的共创价值分配方法	提出一种改进的Shapley值法与博弈集成的价值分配方法，该方法保证了分配方案的公平性

图 5-1　价值共创思路

的智能产品创新生态系统价值共创机理。

（2）提出面向协同效应的共创主体选择方法。首先,构建面向协同效应的共创主体选择模型;其次,采用多目标优化方法对模型进行求解;最后,采用灰色关联投影法选择最优方案。

（3）提出基于改进的 Shapley 值法和博弈集成的价值分配。首先,介绍价值分配原则,分析影响价值分配的因素;然后,对传统 Shapley 值法进行改进,结合博弈理论,研究价值持续分配,提出了基于改进的 Shapley 值和博弈集成的价值分配方法。

本章的创新点包括：

（1）构建了面向情境价值的核心企业、用户、社会化合作伙伴三元智能产品创新价值共创过程模型，把价值共创的范围拓展到潜在价值的共创。

（2）提出了一种 NSGA－Ⅱ和灰色关联投影集成的面向协同效应的共创主体选择方法，该方法能较准确地优选出共创主体组合方案。

（3）提出了改进 Shapley 值法和博弈集成的共创价值分配方法，该方法保证了分配方案的公平性。同时，在考虑价值分配影响因素权重时，采用模糊ANP 法和距离测度法计算综合权重，提高了权重计算的准确性。

5.1 价值共创机理及共创过程分析

5.1.1 价值共创机理

基于第 3 章提出的 SPIE－VSM 模型，构建智能产品的创新生态系统价值共创机理模型，如图 5－2 所示。

生态共建章节中的生态系统价值主张决定了资源及能力配置方式，通过整合创新资源（对应第 4 章资源共享）为价值共创提供支撑。价值共创由共创主体基于创新平台执行共创活动，共创主体之间进行物质交换、能量交换、信息交换和知识交换，通过协同创新完成共创任务，输出共创价值（对应第 7 章创新共赢），用于价值分配。输出的价值包括用户价值、相关方价值和生态系统价值。系统共生机制为共创过程的顺利完成和系统稳定性提供支撑（对应第 6 章系统共生）。

智能产品创新的价值共创过程模型如图 5－3 所示。智能产品创新的相关利益方可以划分为三类共创主体，分别是核心企业（同时也是平台型企业）、用户群、社会化合作伙伴（如产品供应商、服务供应商、体验供应商）。价值共创过程分为四个阶段，依次是价值共同解析、价值共同转化、价值共同分解、价值共同分享。

（1）价值共同解析，指通过分析用户情境需求识别和界定用户情境价值。该阶段内容在第 3 章生态共建已研究。

（2）价值共同转化，指将用户情境价值转化为创新任务，该阶段包括情境价值向产品服务功能转化、功能向结构转化、结构向创新任务转化。该阶段内

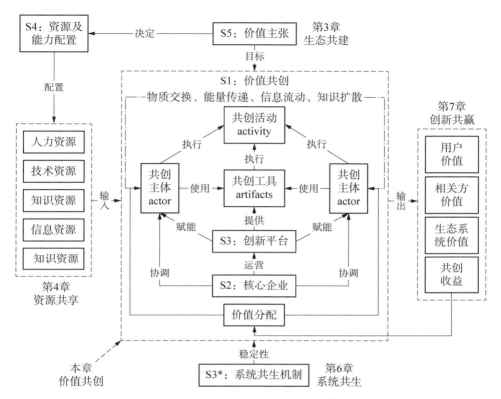

图 5-2　智能产品创新生态系统价值共创机理

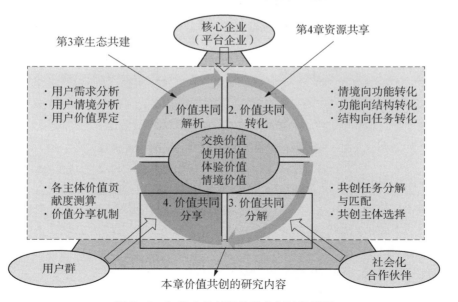

图 5-3　智能产品创新价值共创过程模型

容在第 4 章资源共享已研究。因此,本章重点研究后面两个阶段。

（3）价值共同分解,指将共创任务分解为可执行、可度量的创新子任务,并将各个子任务分配给不同的创新团队完成。智能产品创新过程涉及多个学科,创新任务分解为多个子任务,创新主体协同完成各个子任务,各子任务可以同步进行,最后由核心企业进行系统集成,完成智能产品的开发。该阶段包括共创任务的分解与匹配、考虑协同效应的共创主体选择。

（4）价值共同分享,指共创活动产生价值后的利益分享。该阶段涉及各创新主体贡献度测度和依据价值分享机制进行价值分配。

5.1.2　面向用户情境价值的共创过程分析

本书在 Grönroos[24] 提出的核心企业与客户二元交互价值共创模型基础之上,拓展成面向用户情境价值的多元主体共创过程模型。由于交换价值、使用价值、体验价值和情境价值具有逐层递进关系,因此,下文将依次分析前三种价值驱动下的共创过程,最终推导出面向情境价值的共创过程,具体如图 5 - 4 所示。

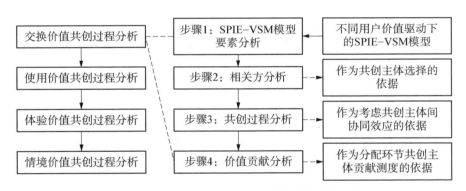

图 5 - 4　面向用户情境价值的共创过程分析流程

面向四种用户价值的共创过程分析步骤为:①基于生态共建章节构建的面向不同用户价值的 SPIE - VSM 结构模型,结合四种用户价值,分析不同用户价值驱动下智能产品的创新生态系统要素;②分析不同用户价值驱动下的相关方,并以此作为共创主体选择的依据;③分析不同用户价值驱动下的共创过程,并以此作为考虑共创主体之间协同效应的依据;④分析交互过程中各相关方的价值贡献,并以此作为共创价值分配环节中贡献测度的参考。

5.1.2.1　面向交换价值的共创过程分析

1）交换价值驱动的 SPIE - VSM 模型要素

交换价值驱动的 SPIE - VSM 模型要素如图 5-5 所示。

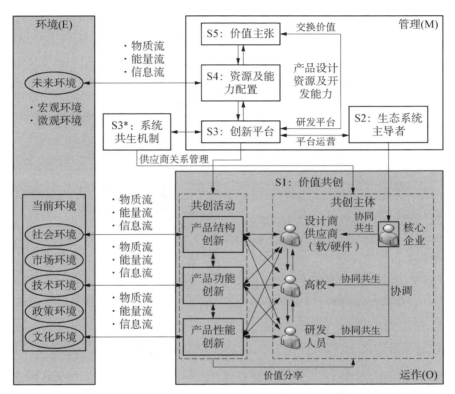

图 5-5　交换价值驱动的智能产品创新生态系统要素结构模型

在交换价值驱动的 SPIE - VSM 模型中,生态系统价值主张面向用户交换价值,资源及能力配置关注产品设计资源及开发能力,创新平台以研发平台形式支撑创新活动。价值共创活动主要围绕产品创新,包括产品结构、功能、性能等方面的改进和突破,以及产品设计理念创新。

2）价值共创相关方

通过前期文献调研和实例分析,智能产品生命周期可划分为需求分析、方案设计、模块开发、制造、系统集成、产品交付、用户使用等阶段。交换价值驱动下,核心企业不直接参与用户使用阶段。用户域与核心企业域重叠之处为产品交付阶段,核心企业以产品形式向用户交付交换价值,此阶段之前价值形式为潜在交换价值。在产品主导逻辑下，核心企业与产业链企业共同创造潜在交换价值，用户为交换价值被动接受者。价值共创相关方包括核心企业内研发人员（如硬件工程师、软件工程师、设计师、工艺工程师、系统工程师等）和供应链上下游合作伙伴（如高校及科研院所、独立设计商、硬件供应商、软件供应商等），如图 5-6 所示。

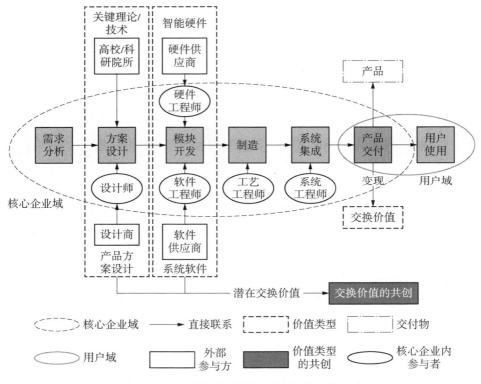

图 5-6   面向交换价值的共创过程相关利益方分析

3）面向交换价值的共创过程

由于统一建模语言（unified modeling language, UML）工具中的序列图能较好地反映对象之间的交互情况，因此运用该工具展示共创主体之间的交互。以智能产品生命周期为序列（即纵轴），以各相关方为对象（即横轴），绘制面向交换价值的共创过程交互图，如图 5-7 所示。

4）各创新主体价值贡献

各共创主体的价值贡献见表 5-1。

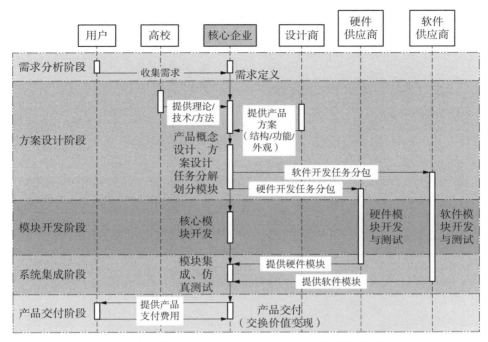

图 5-7　交换价值驱动的智能产品创新生态系统价值共创交互图

表 5-1　交换价值驱动的共创过程中共创主体的价值贡献

参与主体	价值贡献
核心企业	提供研发平台、基础软件、技术支持、开发支持
智能零部件供应商	提供产品零部件、投入资源
高校、科研院所	提供关键理论、技术、知识、方法、模型
独立设计商	提供产品设计方案、知识、理念
软件供应商	提供操作系统、应用软件

5.1.2.2　面向使用价值的共创过程分析

1) 使用价值驱动的 SPIE-VSM 模型要素

如图 5-8 所示,在使用价值驱动的 SPIE-VSM 模型中,生态系统价值主张面向用户使用价值,资源及能力配置关注产品与服务设计资源及开发能力,创新平台以研发平台和服务平台形式支撑创新活动。价值共创活动主要围绕产品创新、服务创新和系统集成创新。

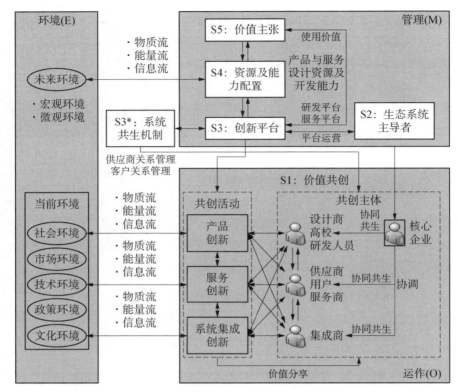

图 5-8　使用价值驱动的智能产品创新生态系统要素结构模型

2）价值共创相关方

如图 5-9 所示，区别于交换价值驱动的价值共创，核心企业参与用户使用阶段，用户域与核心企业域重叠范围拓展为需求分析阶段、产品交付阶段和用户使用阶段。交付阶段核心企业以产品与服务形式向用户交付使用价值，此阶段之前价值形式为潜在使用价值，在服务主导逻辑下，核心企业与产业链企业、用户共同创造潜在使用价值。用户使用阶段，由核心企业和服务提供商为用户提供基于产品的服务。因此，使用价值的共创涉及交付阶段之前的潜在使用价值和用户使用阶段的使用价值。

面向使用价值的智能产品创新的价值共创相关方，包括核心企业、高校、科研院所、独立设计商、软件供应商、硬件供应商、用户、服务提供商、通信提供商。与面向交换价值的共创相关方相比较，增加了用户、服务提供商、通信提供商。用户可分为领先用户和普通用户，其中领先用户参与创新活动，提供需求和创

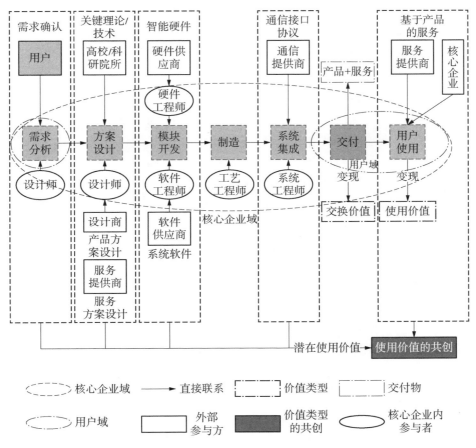

图 5-9　面向使用价值的共创过程相关利益方分析

意。普通用户作为消费用户,仅购买产品服务。

3) 面向使用价值的共创过程

如图 5-10 所示,以基于 UML 的价值共创过程交互图反映面向使用价值的共创过程。

核心企业和用户发挥主要作用,其他相关方发挥支撑作用。在需求分析阶段、产品交付阶段、用户使用阶段,用户与核心企业进行价值共创。在其他阶段,核心企业与设计商、高校、硬件供应商、软件供应商、服务供应商、通信供应商等创新主体进行价值共创,共同完成方案设计、模块开发与测试、系统集成、产品服务等创新活动。

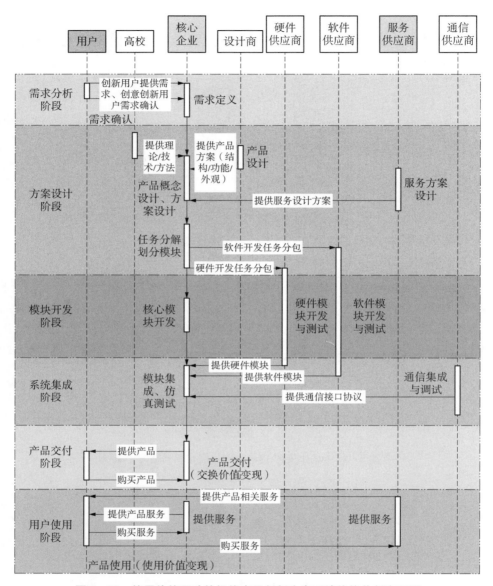

图 5‑10　使用价值驱动的智能产品创新生态系统价值共创交互图

4）使用价值驱动的共创过程各创新主体价值贡献

各共创主体的价值贡献见表 5‑2。

表 5-2　使用价值驱动的共创过程中共创主体的价值贡献

参与主体	价值贡献
核心企业	提供研发平台、服务平台，参与上游智能硬件企业零部件调试和技术细节沟通
智能零部件供应商	提供产品零部件、投入资源
高校、科研院所	提供关键理论技术、知识
独立设计商	提供产品设计方案、知识、理念
软件供应商	提供操作系统、应用软件
用户	提供需求信息和创意，产品功能、质量、服务体验等，提供创新解决方案，完成部分开发任务，测试、提供反馈和建议
服务提供商	服务方案设计
通信提供商	通过通信设备及 ICT 服务

5.1.2.3　面向体验价值的共创过程分析

1）体验价值驱动的生态系统要素结构

体验价值驱动的 SPIE-VSM 模型如图 5-11 所示。

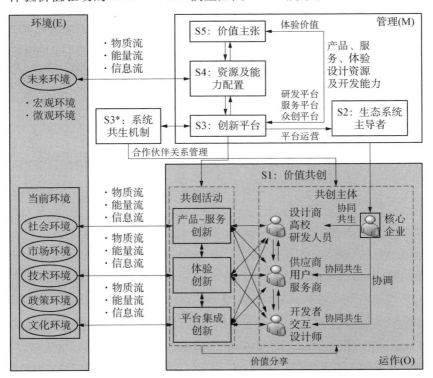

图 5-11　体验价值驱动的智能产品创新生态系统要素结构模型

在体验价值驱动的 SPIE-VSM 模型中,生态系统价值主张面向用户体验价值,资源及能力配置关注产品、服务、体验设计相关的资源及开发能力,创新平台以研发平台、服务平台和众创平台形式支撑创新活动。价值共创活动主要围绕产品服务创新、体验创新和平台集成创新。

2)体验价值驱动的价值共创相关方分析

如图 5-12 所示,区别于使用价值驱动的价值共创,用户域与核心企业域重叠范围进一步拓展为需求分析阶段、方案设计阶段、模块开发阶段、系统集成阶段、交付阶段、用户使用阶段和用户体验阶段。交付阶段以产品、服务和体验的形式交付体验价值,此阶段之前的价值形式为潜在体验价值,在用户体验逻辑下,核心企业与产业链企业、用户共同创造潜在的体验价值。用户使用阶段,由核心企业、服务提供

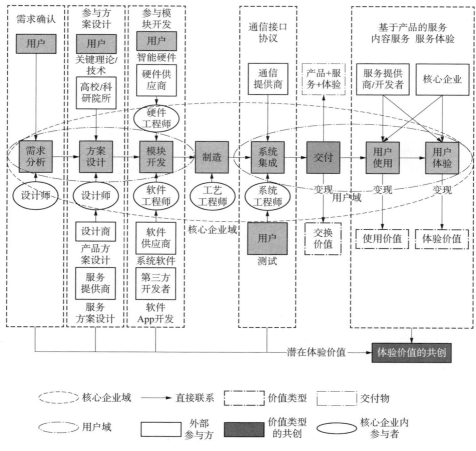

图 5-12   面向体验价值的共创过程相关利益方分析

商和开发者为用户提供基于产品的服务、内容服务和服务体验。因此,体验价值的共创包括交付阶段之前的潜在体验价值、用户使用阶段与用户体验阶段的体验价值。

面向体验价值的智能产品创新的价值共创相关方,包括核心企业、高校、科研院所、独立设计商、软件供应商、硬件供应商、用户、服务提供商、通信提供商、第三方开发者。与面向使用价值的共创相关方相比较,增加了第三方开发者。

3) 面向体验价值的共创过程

面向体验价值的基于 UML 的价值共创过程交互图,如图 5 - 13 所示。核

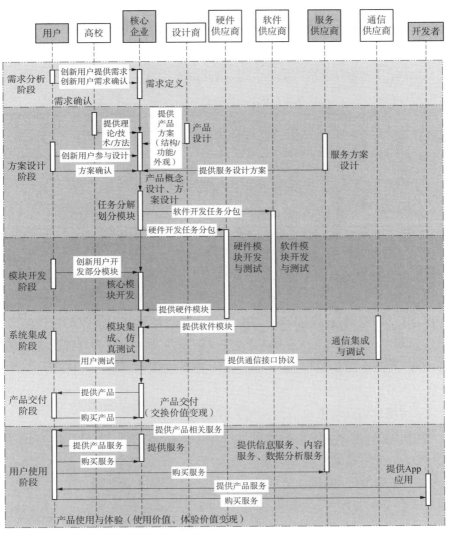

图 5 - 13　体验价值驱动的智能产品创新生态系统价值共创交互图

心企业与用户的交互频率和范围进一步扩大,开发者的作用凸显。

4）体验价值驱动的共创过程各创新主体价值贡献

各共创主体的价值贡献见表5-3。

表5-3 体验价值驱动的共创过程中共创主体的价值贡献

参与主体	价值贡献
核心企业	提供知识、基础软件 SDK、研发平台、服务平台、开源平台、开源社区、开发工具、算法组件、知识组件、基础数据、行业机理
智能零部件供应商	提供产品零部件、投入资源
高校、科研院所	提供关键理论技术、知识
独立设计商	提供产品设计方案、知识、理念
软件供应商	提供操作系统、应用软件
用户	提供需求信息和创意、产品功能、质量、服务体验、创新想法、创新解决方案,完成部分开发任务
服务提供商	提供信息服务、内容服务、数据分析服务
通信提供商	提供通信服务和 ICT 技术
第三方开发者	提供应用 App

5.1.2.4 面向情境价值的共创过程分析

1）情境价值驱动的生态系统要素结构

如图5-14所示,情境价值驱动的 SPIE - VSM 模型中,生态系统价值主张面向用户情境价值,资源及能力配置关注围绕场景开发所需的资源及开发能力,创新平台以研发平台、服务平台、众创平台和赋能平台形式支撑创新活动。价值共创活动主要围绕产品服务体验集成创新、模式创新和生态集成创新。

2）情境价值驱动的价值共创相关方分析

如图5-15所示,区别于体验价值驱动的价值共创,用户与核心企业交互范围进一步拓展到多场景。交付阶段核心企业以产品、服务和体验生态的形式交付情境价值,此阶段之前的价值形式为潜在情境价值。在生态系统逻辑下,核心企业与用户、社会化合作方共同创造潜在情境价值。在用户使用阶段、体验阶段和多场景交互阶段,由核心企业、服务提供商和开发者为用户

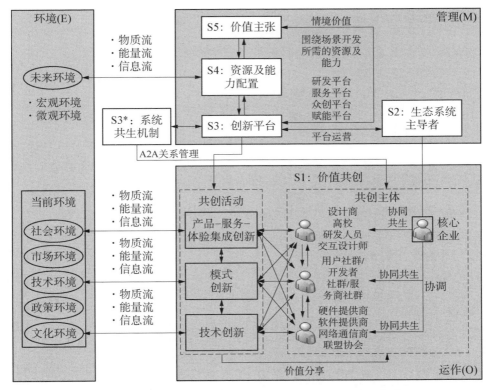

图 5‑14　情境价值驱动的智能产品创新生态系统要素结构模型

提供基于产品的服务、内容服务、交互体验和多场景体验。因此,情境价值的
共创包括交付阶段之前的潜在情境价值、用户使用阶段与多场景交互阶段的
情境价值。

　　面向情境价值的智能产品创新的价值共创相关方,与面向体验价值的共创
相关方相比较,增加了社会化大众。

　　3)面向情境价值的共创过程

　　面向情境价值基于 UML 的价值共创过程交互图,如图 5‑16 所示。创新
平台发挥重要作用,为创新主体之间进行共创活动提供支撑,如开发工具、算法
组件、知识组件、基础数据、行业机理模型等。共创过程呈现群体创新特征,共
创活动参与者拓展到社会化创新主体与创新主体之间。

　　4)情境价值驱动的共创过程各创新主体价值贡献

　　各共创主体的价值贡献见表 5‑4。

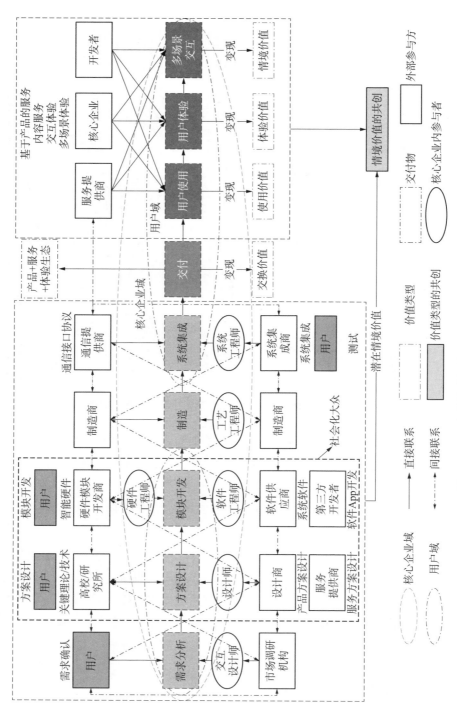

图 5 - 15　面向情境价值的共创过程相关利益方分析

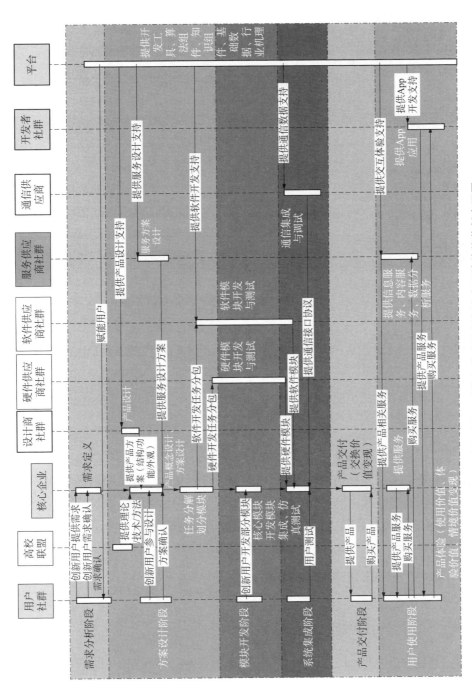

图 5 - 16　情境价值驱动的智能产品创新生态系统价值共创交互图

表 5-4 情境价值驱动的共创过程中共创主体的价值贡献

参与主体	价值贡献
核心企业	提供知识、基础软件 SDK、研发平台、服务平台、开源软件平台、开源社区、赋能合作伙伴、开放基础数据、开放操作系统、有限开放机理模型、开放开发工具、组件
智能零部件供应商	提供产品零部件、投入资源
高校、科研院所联盟	提供科学原理、基础理论、共性关键技术、知识、机理建模技术、技术软件化方法
独立设计商社群	提供产品设计方案、知识、理念
软件供应商社群	提供操作系统、应用软件
用户社群	提供需求信息和创意、产品功能、质量、服务体验、创新想法(如海尔 HOPE 平台)、创新解决方案,完成部分开发任务
服务提供商社群	提供服务平台、自动控制、ICT 网络、信息安全
通信提供商社群	提供通信平台
第三方开发者社群	提供应用 App、应用开发经验知识化方法、模型化方法、算法化方法、代码化方法、软件化方法、微服务化方法

5.2 面向协同效应的共创主体选择方法

为创新任务选择合适的创新主体,有利于创新任务的顺利完成,对价值实现具有重要影响。在价值共创中,创新任务被分解成一个个可执行的创新子任务。每个创新子任务由满足条件的单个创新主体独立完成或由数量有限的多个创新主体组成创新团队协同完成。上一节面向情境价值的共创过程分析为共创主体选择提供了依据,区别于生态共建中核心生态伙伴选择主要考虑创新主体个体能力的视角,共创主体选择方法从协同效应和生态系统稳定性角度来研究。

5.2.1 面向协同效应的共创主体选择模型

1)问题描述

共创主体选择问题总目标是为创新子任务选择最优共创主体组合。在总目标下设置两个子目标,即创新主体间协同效应最大和共创主体生态位适宜度最大。

2) 共创主体之间协作关系强度

在第 3 章 3.2 节基础之上,从创新资源、创新能力、兼容性和合作能力等四个方面考虑备选伙伴之间的协作关系强度,用矩阵表示为

$$X^k = (x_{ij}^k)_{n \times n} = \begin{matrix} & \begin{matrix} p_1 & p_2 & \cdots & p_n \end{matrix} \\ \begin{matrix} p_1 \\ p_2 \\ \vdots \\ p_n \end{matrix} & \begin{bmatrix} x_{11}^k & x_{12}^k & \cdots & x_{1n}^k \\ x_{21}^k & x_{22}^k & \cdots & x_{2n}^k \\ \vdots & \vdots & \ddots & \vdots \\ x_{n1}^k & x_{n2}^k & \cdots & x_{nn}^k \end{bmatrix} \end{matrix} \quad (k=1,2,3,4) \quad (5-1)$$

对矩阵进行归一化处理,由于指标为效益型指标,协作关系强度归一化为

$$\hat{x}_{ij}^k = \frac{x_{ij}^k - (x_{ij}^k)_{\min}}{(x_{ij}^k)_{\max} - (x_{ij}^k)_{\min}} \quad (5-2)$$

备选主体 p_i 与 p_j 之间综合协作关系强度为 $x_{ij} = \sum_{k=1}^{4} \omega_k \hat{x}_{ij}^k$,其中 ω_k 表示创新资源、创新能力、兼容性和合作能力四个指标的权重,权重大小可由第 3 章 3.2 节获得。

创新资源方面的协作强度 x_{ij}^1、创新能力方面的协作强度 x_{ij}^2、兼容性方面的协作强度 x_{ij}^3 由专家打分获得,可以分别得到协作强度矩阵 X^1、X^2、X^3。

合作能力方面的协作强度可以根据历史合作情况,采用文献[25]的方法进行计算,表达式为 $x_{ij}^4 = \sum_t \frac{\varphi_i^t \varphi_j^t}{n_t - 1}$,若备选主体 P_i 参与第 t 项任务,则 φ_i^t 取值 1,否则取值为 0。n_t 表示第 t 项任务的成员数量。

3) 共创主体生态位适宜度

共创主体生态位适宜度指在一个 f 维空间中生态因子的实际值 Y 与理想值 Y^* 之间的贴近度,反映共创主体对创新环境的适宜程度。生态因子包括技术生态位因子、知识生态位因子、功能生态位因子等 f 个因子。若第 q 个共创主体的生态位因子理想值为 $Y^{q^*} = (y_1^{q^*}, y_2^{q^*}, \cdots, y_f^{q^*})$,实际值为 $Y^q = (y_1^q, y_2^q, \cdots, y_f^q)$,则依据灰色关联度模型,第 q 个共创主体的生态位适宜度为

$$F^q = \rho(Y^q, Y^{q*}) = \frac{1}{f} \sum_{i=1}^{f} \frac{\delta_{\min}^q + \theta \cdot \delta_{\max}^q}{\delta_i^q + \theta \cdot \delta_{\max}^q} \qquad (5-3)$$

其中，$\delta_i^q = |y_i^q - y_i^{q*}|$，$\delta_{\max}^q = \max|y_i^q - y_i^{q*}|$，$\delta_{\min}^q = \min|y_i^q - y_i^{q*}|$，$\theta \in [0,1]$，$\mu^- \leqslant F^q \leqslant \mu^+$，$\mu^-$ 和 μ^+ 分别为生态位适宜度的下限和上限。

4）共创主体选择多目标优化模型

目标函数：

$$\max Z_1 = \sum_{i=1}^{n} \sum_{j=1, j \neq i}^{n} x_{ij} \cdot a_i a_j \qquad (5-4)$$

$$\max Z_2 = \sum_{i=1}^{n} F^i \cdot a_i \qquad (5-5)$$

约束条件：

$$a_i = \begin{cases} 1 & （主体 \ a_i \ 被选中） \\ 0 & （主体 \ a_i \ 未被选中） \end{cases} \qquad (5-6)$$

$$\sum_{i=1}^{n} a_i = N \qquad (5-7)$$

式（5-4）表示协同度最大，式（5-5）表示生态位适宜度最大，式（5-7）表示备选共创主体的最大数量为 N。

5.2.2　模型求解

求解共创主体选择多目标优化模型属于 NP-hard 问题。针对该问题，本书采用精英策略的非支配排序遗传算法 NSGA-Ⅱ进行求解。其中涉及 NSGA-Ⅱ算法的编码规则、遗传交叉操作与遗传变异操作，以下定义了具体机制。

1）编码规则

以染色体形式定义编码，设 n 个备选伙伴为一条染色体上的 n 个字段，并以 1 或 0 表示该备选伙伴是否被选中。例如，假设以下染色体表示共有 10 个备选伙伴，其中第 1、2、4、5、6、9 号备选伙伴被选中，如图 5-17 所示。

1	2	3	4	5	6	7	8	9	10
1	1	0	1	1	1	0	0	1	0

图 5-17　编码规则

2）遗传交叉

考虑到式(5-7)对于备选伙伴个数的等式限制,因此合法的染色体应有且仅有 N 个字段设置为1,其余设置为0。本算法采用的遗传交叉定义为交换两条染色体上的部分字段,即以染色体片段进行交换。算法首先随机进行区间选定,然后判断交换片段是否合法,若合法则执行染色体区间交换。例如,图5-18左侧以染色体4—5字段为交换片段,但由于交换后无法满足有且仅有 N 个字段为1的限制,其交换不合法。图5-18右侧以3—6字段为交换片段,满足限制条件,交换生效。每次合法交换后获得的两条染色体,随机选择其中一条作为遗传交叉操作的输出。

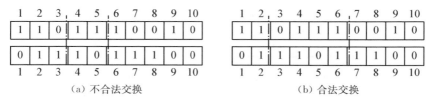

（a）不合法交换　　　　　　　（b）合法交换

图5-18　遗传交叉

3）遗传变异操作

遗传变异操作亦需要考虑式(5-7)对于备选伙伴个数的等式限制。与遗传交叉操作的不同是,变异操作发生在单条染色体上,且变异机制为双点变异。双点变异首先会随机选择其中一个字段进行反转,接着在与该字段不同值的字段中随机选择一个字段进行反转。如图5-19所示,首先选择第3个字段进行反转,由于第3个字段为0,因此接下来在所有字段值为1的字段中随机选择一个字段进行反转,图中选择了第2个字段。

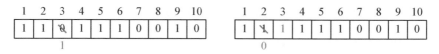

图5-19　遗传变异

4）算法流程

算法流程如图5-20所示,主要步骤如下:

步骤1:初始化父代种群 P_t,规模为 N。

步骤2:通过随机染色体配对、交叉和变异生成子代种群 O_t,规模为 N。

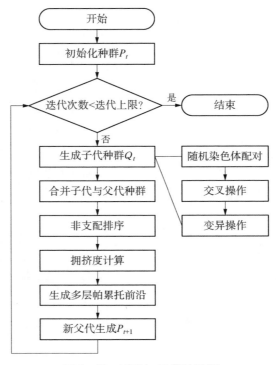

图 5 - 20 NSGA - Ⅱ算法流程

步骤 3：合并子代与父代种群，种群规模为 $2N$。

步骤 4：对合并种群进行非支配排序。

步骤 5：计算拥挤度。

步骤 6：生成帕累托前沿。

步骤 7：生成新父代种群 P_{t+1}。

步骤 8：判断迭代次数，若小于迭代上限，重复步骤 2～步骤 7，直到达到迭代上限。

5.2.3 基于灰色关联投影法的方案选择方法

上一节由 NSGA - Ⅱ算法求解得到多个组合方案，需要进行方案优选得到最能满足需求的共创主体组合方案。由于灰色关联投影法在处理多属性决策问题时，能避免属性的单方向偏差且较为全面地反映属性之间的关联关系，因此，本书运用灰色关联投影法对备选方案进行评选，提出了一种集成 NSGA - Ⅱ算法与灰色关联投影法的共创主体选择方法。

备选方案集为 $X=\{X_1, X_2, \cdots, X_m\}$，指标集为 $D=\{D_1, D_2, \cdots, D_n\}$，备选方案对指标的评价矩阵为 $G=[g_{ij}]_{m\times n}$，设 Δ_{ij} 为备选方案 X_i 与理想方案 X_0^* 在指标 D_j 上的绝对差值 $\Delta_{ij}=|g_{ij}-g_{0j}|$，则对于指标 D_j 备选方案 X_i 与理想方案 X^* 的灰色关联系数为 $\rho_{ij}=\dfrac{\Delta(\min)+\upsilon\Delta(\max)}{\Delta_{ij}+\upsilon\Delta(\max)}$，$\upsilon$ 为分辨系数，取值 0.5。正、负理想方案灰色关联系数为 ρ_{ij}^+ 和 ρ_{ij}^-，评价指标权重向量为 $\omega=(\omega_1, \omega_2, \cdots, \omega_n)$，加权正、负灰色关联矩阵为 $C^+=[\omega_j\rho_{ij}^+]_{(m+1)\times n}$，$C^-=[\omega_j\rho_{ij}^-]_{(m+1)\times n}(i=0, 1, \cdots m, j=1, 2, \cdots n)$。备选方案向量与理想方案向量灰色关联投影夹角为 α_i，则夹角余弦值为

$$\cos\alpha_i=\frac{\sum_{j=1}^{n}\omega_j\rho_{ij}\omega_j}{\sqrt{\sum_{j=1}^{n}(\omega_j\rho_{ij})^2}\sqrt{\sum_{j=1}^{n}\omega_j^2}} \tag{5-8}$$

备选方案在理想方案上的投影为

$$Y_i=\|X_i\|\cdot\cos\alpha_i=\sum_{j=1}^{n}\left(\rho_{ij}\omega_j^2\Big/\sqrt{\sum_{j=1}^{n}\omega_j^2}\right) \tag{5-9}$$

备选方案与正、负理想方案之间的灰色关联投影为 Y_i^+、Y_i^-。灰色关联投影系数 λ_i 为

$$\lambda_i=\frac{(Y_i^+)^2}{(Y_i^+)^2+(Y_i^-)^2} \tag{5-10}$$

根据灰色关联投影系数大小进行排序，λ_i 值最大的方案为最优方案。

5.3　基于改进 Shapley 值法与博弈混合的价值分配

5.3.1　价值分配原则与影响因素分析

5.3.1.1　共创价值分配原则

1）互利共赢原则

假设多方合作博弈中有 N 个相关方，相关方集合为 $S=(S_1, S_2, \cdots,$

S_N),函数 $V(S)$ 表示合作组合 S 取得的收益,互利共赢原则强调合作完成的收益大于单独完成的收益之和,主体 S_i 的分配利益 $V(S_i)$ 大于单独完成创新任务所得收益 $I(S_i)$。 表达式为

$$\begin{cases} V(S_i \bigcup S_j) \geqslant I(S_i) + I(S_j), \ \forall S_i \subset S \\ V(S_i) \geqslant I(S_i), \ \forall i \in N \\ V(S) = \sum_{i=1}^{N} V(S_i) \end{cases} \tag{5-11}$$

2)风险共担原则

智能产品创新存在不确定性与风险,包括市场风险、技术风险、政策风险等。风险共担原则强调风险分摊,单个主体获得的分配价值与所承担风险大小成正比。

3)公平公正原则

公平影响智能产品创新生态系统的声誉及创新主体对生态系统的信任。公平公正原则强调价值分配过程中所有共创主体地位均等,按照公认的价值分配规则获得价值。

4)依据贡献分配原则

依据贡献程度,确定各创新主体的价值分配结果。贡献度越大,分配获得的价值越大。

5.3.1.2 共创价值分配影响因素

通过查阅大量文献,参考协同客户创新收益分配和供应链联盟价值分配的影响因素,结合智能产品创新生态系统价值共创的特点,可以确定价值分配影响因素,包括资源投入程度、风险承担程度、努力程度、重要程度等,如图 5-21 所示。

1)资源投入程度

资源投入程度指创新资源投入大小,包括人力资源、知识资源、技术资源、资金资源等。资源投入贡献程度越大,得到的分配价值越多。

设 r_{ij} 表示第 i 个创新主体对第 j 种资源的投入量,α_j 表示第 j 种资源的价值转化系数,则第 i 个主体资源投入对应的价值贡献率 η_i 为

$$\eta_i = \frac{\sum_{j=1}^{n} \alpha_j r_{ij}}{\sum_{i=1}^{m} \sum_{j=1}^{n} \alpha_j r_{ij}} \tag{5-12}$$

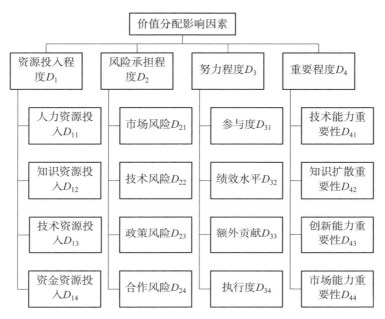

图 5 - 21　共创价值分配影响因素

第 i 个主体依据资源投入分配的价值为 $\varphi_{ri} = \eta_i V(n)$，其中，$V(n)$ 为总分配价值。

2) 风险承担程度

智能产品创新过程面临创新生态系统内、外部各种风险，包括市场风险 R^M、政策风险 R^P、合作风险 R^E、技术风险 R^T。第 i 个主体在第 j 个子任务中承担的风险概率为

$$\delta_{ij} = 1 - (1 - R_{ij}^M)(1 - R_{ij}^P)(1 - R_{ij}^E)(1 - R_{ij}^T) \tag{5-13}$$

其中，R_{ij}^M、R_{ij}^P、R_{ij}^E、R_{ij}^T 分别表示第 i 个主体在第 j 个子任务中承担的市场风险、政策风险、合作风险、技术风险分配额，用模糊评价法确定其大小。第 i 个主体承担风险的比重 θ_i 为

$$\theta_i = \frac{\sum_{j=1}^n \delta_{ij}}{\sum_{i=1}^m \sum_{j=1}^n \delta_{ij}} \tag{5-14}$$

第 i 个主体依据风险承担程度分配的价值为 $\varphi_{R_i} = \theta_i V(n)$。

3）努力程度

努力程度包括参与度 P^1、绩效水平 P^2、额外贡献 P^3、执行度 P^4。$P_{ij}^k (k=1,2,3,4)$ 分别表示第 i 个主体在第 j 个子任务中参与度、绩效水平、额外贡献、执行度。第 i 个主体努力程度的比重 ρ_i 为

$$\rho_i = \frac{\sum_{j=1}^n P_{ij}^1 P_{ij}^2 P_{ij}^3 P_{ij}^4}{\sum_{i=1}^m \sum_{j=1}^n P_{ij}^1 P_{ij}^2 P_{ij}^3 P_{ij}^4} \tag{5-15}$$

4）重要程度

重要程度指创新主体的重要性，包括技术能力重要性 Q^1、知识扩散重要性 Q^2、创新能力重要性 Q^3、市场能力重要性 Q^4。第 i 个主体重要程度的比重 ϕ_i 为

$$\phi_i = \frac{\sum_{j=1}^n Q_{ij}^1 Q_{ij}^2 Q_{ij}^3 Q_{ij}^4}{\sum_{i=1}^m \sum_{j=1}^n Q_{ij}^1 Q_{ij}^2 Q_{ij}^3 Q_{ij}^4} \tag{5-16}$$

5.3.1.3 各影响因素的权重

考虑到各因素之间关联关系，采用模糊 ANP 法和距离最大测度法确定各影响因素的综合权重。

首先，基于模糊 ANP 法得到各影响因素对共创价值分配的影响权重 $\omega = (\omega_1, \omega_2, \cdots, \omega_n)$。

其次，用距离最大测度法得到权重 $\omega' = (\omega_1', \omega_2', \cdots, \omega_n')$。设对影响因素的评价矩阵为 $X = [\tilde{x}_{ij}]_{m \times n}$，表示 m 个影响因素（即评价对象），n 个评价属性，则评价指标权重为

$$\omega_j' = \frac{\sum_{i=1}^m \sum_{k=1}^m d(\tilde{x}_{ij}, \tilde{x}_{kj})}{\sum_{j=1}^n \sum_{i=1}^m \sum_{k=1}^m d(\tilde{x}_{ij}, \tilde{x}_{kj})} \tag{5-17}$$

最后，价值分配影响因素综合权重为

$$\bar{\omega}_j = \frac{\omega_j \omega_j'}{\sum_{j=1}^n \omega_j \omega_j'} \tag{5-18}$$

5.3.2　基于改进的 Shapley 值法与博弈集成的价值分配方法

为满足用户体验交互过程中不断产生的情境需求,创新主体需持续进行智能产品创新,形成新的产品、服务和体验。因此,为了激励各相关创新主体,需持续进行共创价值分配。虽然已有学者在客户协同产品创新、供应链协同创新等领域进行收益分配相关的研究,但对智能产品创新生态系统的持续价值分配问题,现有文献较少研究。现有常用收益分配方法主要包括博弈分析法、Shapley 值法、核心法等。

由于 Shapley 值法可用于解决成员较少的团体的利益分配问题,且操作性强、依赖成员的边际贡献进行价值分配,适用于本书以有限创新主体组成创新团队完成创新子任务的情形。同时,各创新主体价值分配的结果会影响其下一次的价值贡献,甚至影响创新主体选择是否继续参与,因此需考虑共创行为的博弈。

本书结合 Shapley 值法和博弈方法的优势,对 Shapley 值法进行改进,提出一种基于改进的 Shapley 值法和博弈集成的利益分配方法,用于解决智能产品创新生态系统的持续价值分配问题,兼顾公平和效率。

根据文献[67],创新子任务网络中子任务集合为 $T=\{T_1, T_2, \cdots, T_m\}$,$m$ 表示子任务数量。子任务 T_k 对应的创新主体集合为 $A_k=\{a_1^k, a_2^k, \cdots, a_n^k\}$,假定创新主体 a_i^k 从子任务 T_k 中分配的价值为 V_{ik},若创新主体未参与子任务,则 $V_{ik}=0$。子任务 T_k 对应的总收益为 $\sum_{i=1}^{n} V_{ik}$,η_i^k 为创新主体 a_i^k 参与子任务 T_k 后获得利益分配的权重,满足 $\eta_i^k = \dfrac{V_{ik}}{\sum_{i=1}^{n} V_{ik}}$ 且 $\sum_{i=1}^{n} \eta_i^k = 1$。$V_k=\{\eta_1^k, \eta_2^k, \cdots, \eta_n^k\}$ 为子任务 T_k 对应的利益分配比重向量。

子任务与创新主体之间的价值分配矩阵为

$$X = \begin{array}{c} \\ a_1 \\ a_2 \\ \vdots \\ a_n \end{array} \begin{array}{cccc} T_1 & T_2 & \cdots & T_m \end{array} \\ \begin{bmatrix} V_{11} & V_{12} & \cdots & V_{1m} \\ V_{21} & V_{22} & \cdots & V_{2m} \\ \vdots & \vdots & & \vdots \\ V_{n1} & V_{n2} & \cdots & V_{nm} \end{bmatrix} \qquad (5-19)$$

第 i 个创新主体获得的总分配价值为 $V_i = \sum_{k=1}^{m} V_{ik}$。

子任务的权重可根据子任务的重要性进行计算。根据任务网络中,各子任务的节点介数计算结构熵得到客观权重,再结合评价法获得主观权重,通过加权获得子任务的综合权重。依据各子任务的综合权重和总收益,得到各子任务的分配价值。

5.3.2.1 传统 Shapley 值法

传统 Shapley 值法按照边际贡献来确定收益比重:

$$\varphi_{ik}(V) = \sum_{S \in S_i^k} W(|S|)[V(S) - V(S - \{i\})] \qquad (5-20)$$

$$W(|S|) = \frac{(|S| - 1)!(n - |S|)!}{n!} \qquad (5-21)$$

式中 $|S|$ ——子任务 T_k 的成员规模;

         $W(|S|)$ ——第 i 个主体的权重;

$V(S) - V(S - \{i\})$ ——第 i 个主体的边际贡献;

         $\varphi_{ik}(V)$ ——第 i 个主体 a_i 参与第 k 个子任务所获得的收益。

主体 a_i 参与所有子任务所获得的总收益为 $\varphi_i(V) = \sum_{k=1}^{m} \varphi_{ik}(V)$。整个价值共创分配的总价值为 $\varphi(V) = \sum_{k=1}^{m} \sum_{i=1}^{n} \varphi_{ik}(V)$。

Shapley 值法适用于多方合作博弈环境下的收益分配问题,但传统 Shapley 值法并未考虑资源投入程度、风险承担程度、努力程度和重要程度等因素的影响,因此需要对其进行改进。

5.3.2.2 改进的 Shapley 值法

本书结合智能产品创新生态系统的特点,在传统 Shapley 值法的基础之上,综合考虑以上四种价值分配影响因素。

改进后的第 i 个创新主体在第 k 个子任务中价值分配的 Shapley 值为

$$\varphi'_{ik}(V) = \varphi_{ik}(V) + \Delta\varphi_{ik}(V) = \varphi_{ik}(V) + \bar{\omega}_1\left(\theta_i - \frac{1}{n_k}\right)V(n_k)$$

$$+ \bar{\omega}_2\left(\eta_i - \frac{1}{n_k}\right)V(n_k) + \bar{\omega}_3\left(\rho_i - \frac{1}{n_k}\right)V(n_k) + \bar{\omega}_4\left(\phi_i - \frac{1}{n_k}\right)V(n_k)$$

$$(5-22)$$

满足 $\sum_{i=1}^{n}\varphi'_{ik}(V)=\sum_{i=1}^{n}\varphi_{ik}(V)+\sum_{i=1}^{n}\Delta\varphi_{ik}(V)$。创新主体 a_i 获得的价值分配为 $\sum_{k=1}^{m}\varphi'_{ik}(V)$。

5.3.2.3　博弈模型

根据文献[68]，各创新主体的创新投入和努力程度会因前期收益而动态调整，前期收益越大，后期投入越大。$t+1$ 轮博弈之后，创新主体 a_i 对子任务 T_j 的投入比重为

$$I_{i,j}(t+1)=\frac{e^{\alpha \cdot V_{ij}(t)}}{\sum_{j=1}^{m}e^{\alpha \cdot V_{ij}(t)}} \tag{5-23}$$

式中　$V_{ij}(t)$ ——创新主体 a_i 在 t 轮博弈之后在子任务 T_j 中获得的收益；

　　　　α —— 调节系数，$\alpha > 0$。

主体 a_i 在收益分配后，会随机选择生态系统内创新主体 a_j，进行累计收益比较。若 a_i 的收益小于 a_j 的收益，则 a_i 会调整博弈策略，以概率 P 模仿 a_j 的策略。采用费米更新规则[26]，概率 P 的表达式为

$$P(S_i \to S_j)=\frac{1}{1+\exp\{[V_i(t)-V_j(t)]/k\}} \tag{5-24}$$

式中　$V_i(t)=\sum_{j=1}^{m}V_{ij}(t)$—— 创新主体 a_i 的累计收益；

　　　　k——环境影响因子，若 k 趋近于 0，则 $P=0$，表示不会影响创新主体的决策。若 k 趋近于无穷大，则 $P=1/2$，表示对创新主体的决策造成严重影响。

若累计收益小于预期收益区间下限，则创新主体选择不参与子任务 T_j 甚至选择离开创新生态系统。因此，为维护创新生态系统的稳定性和价值分配的公平性，需要对改进的 Shapley 值法中四种价值分配影响因素权重进行适当调整。

第 6 章　智能产品的创新生态系统共生理论与方法

智能产品的创新生态系统运行稳定性依赖于创新主体之间的协同共生关系。共生是一种"你中有我，我中有你"，相互依存的嵌入式关系。受自然界共生现象启发，智能产品的创新生态系统本质上是一种由多样异质型创新主体组成的跨产业社会共生系统。创新主体之间关系复杂多样，因资源和利益而产生价值冲突，若不及时解决将影响生态系统稳定性。因此，需要研究主体之间的共生关系，识别潜在价值冲突并及时解决，以维护智能产品的创新生态系统稳定性。本章目的是从系统共生角度对智能产品创新生态系统的运行机理进行展开，包括共生的形成、发展和进化。

针对以上问题和目的，本章将阐述智能产品的创新生态系统共生机理、共生要素模型、价值冲突解决及进化机理。其内容主要包括系统共生思路、共生系统及其形成机理、价值冲突解决方法、共生进化机理。

本章拟解决的关键科学问题是考虑系统稳定性背景下的创新生态系统运行过程中创新主体共生关系协调机制及共生进化机理，包括考虑协同效应的共生关系形成机理问题、考虑系统稳定性的共生过程价值冲突解决问题、考虑系统再生的共生进化机理问题。本章构建了智能产品创新生态系统共生的研究流程，如图 6-1 所示。

（1）基于共生理论的系统共生形成机理研究。在共生三要素模型基础之上，提出了协同共生要素模型；分析了影响协同共生形成的内、外部因素，基于共生理论和协同网络理论提出了协同共生网络模型。

（2）基于 TRIZ 理论的协同共生价值冲突解决方法。对传统 TRIZ 方法进行了改进，应用到解决共生过程中的价值冲突问题，构建了价值冲突矛盾解决矩阵。

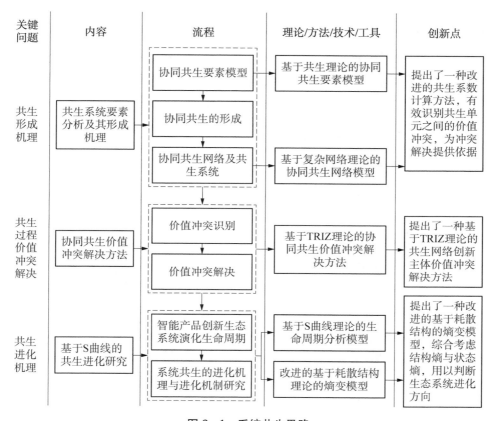

图 6-1 系统共生思路

（3）基于 S 曲线的协同共生进化机理研究。基于 S 曲线分析了智能产品创新生态系统的生命周期、协同共生过程。

本章的创新点体现在：

（1）基于协同网络理论和共生理论，构建了协同共生要素模型。提出了一种改进的共生系数计算方法，能有效识别共生单元之间的价值冲突，为冲突解决提供依据。

（2）提出了一种基于 TRIZ 理论的共生过程协同共生价值冲突解决方法。

（3）提出了一种改进的基于耗散结构理论的创新生态系统熵变模型，综合考虑灰色关联熵和共生网络结构熵对系统熵变的影响，用于判断系统进化方向。

6.1　共生系统要素分析及其形成机理

6.1.1　基于共生理论的协同共生要素模型

　　本书在袁纯清[69]提出的共生三要素模型基础之上,结合协同网络特征和第 3 章构建的 SPIE‐VSM 模型,构建了基于共生理论的智能产品创新生态系统协同共生要素模型,如图 6‐2 所示,协同共生要素包括共生单元 U、共生模式 M、共生环境 E、共生界面 P、共生基质 Z。共生形态 S 用一个五元组表示为,即 $S = (U, M, E, P, Z)$。

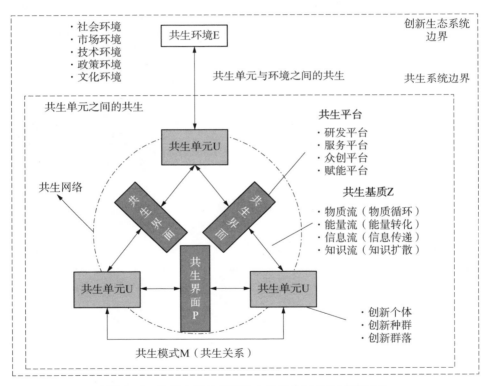

图 6‐2　智能产品的创新生态系统协同共生要素模型

　　按照生态系统边界划分,共生包括系统边界以内共生单元之间的共生及共生单元与边界以外共生环境之间的共生两种。前者的本质是共生单元之间通过共生界面交换共生基质,即物质循环、能量转化、信息传递及知识扩散。后者的本质是共生单元根据环境变化进行动态调整和匹配,强调生态系统的动态适应性。

1) 共生单元

共生单元指进行物质交换、能量传递、信息流动、知识扩散的基本单元。反映共生单元内部影响因素的变量叫质参量,反映共生单元外部影响因素的变量叫象参量。根据属性、功能异同,共生单元可分为同质共生单元(竞争主导型共生关系)和异质共生单元(合作主导型共生关系)。

按照组分层级不同,共生单元可以分为创新个体、创新种群或创新群落等三个层面。其中,个体层面共生单元指参与创新活动的不同创新主体,如开发者、设计商、服务商、用户等。多个共生单元之间相互联系形成协同共生网络,具体将在下文进行介绍。

2) 共生模式

共生模式指共生单元之间相互联系、相互作用的形式,分为互利共生、偏利共生、中性、偏害共生、互毁共生。其中,互利共生从合作频率的角度,可分为单点互利共生、离散互利共生、连续互利共生、共同体互利共生四种。从均衡性角度,可分为对称性互利共生和非对称性互利共生两种。本书从这两个维度构建协同共生模式矩阵,得到八种协同共生模式,如图 6-3 所示。

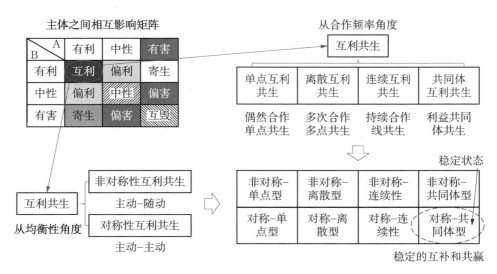

图 6-3 八种协同共生模式

根据耗散结构理论,对称-共同体型互利共生处于理想平衡态,是一种稳定的互补和共赢状态,是生态系统共生演化的方向。非对称-单点型、非对称-离散型、对称-单点型、对称-离散型处于非平衡态,非对称-连续型、对称-连续型、非对称-共同体型处于近平衡态。

3)共生环境

共生环境指影响共生关系的外部创新环境,包括社会环境、市场环境、技术环境、政策环境和文化环境。创新环境变化影响创新生态系统的内部结构,共生单元之间关联关系相应发生变化,不同共生单元之间进行重组,形成新的结构,生态系统出现新的功能和特征。

4)共生界面

共生界面指共生单元之间进行交流、互动的方式和渠道,本章界定为各类创新平台,包括研发平台、服务平台、众创平台、赋能平台。

5)共生基质

共生基质指物质、能量、信息和知识等,以物质流、能量流、信息流、知识流形式在共生单元之间传递。

6.1.2　协同共生的形成

本小节基于共生基本原理来研究协同共生形成机理,包括共生动因、质参量兼容、共生界面选择和共生能量生成。共生动因和质参量兼容是协同共生形成的必要条件,共生界面选择和共生能量生成是协同共生形成的充分条件。

1)共生动因

如图6-4所示,以两个共生单元为例说明协同共生形成的动力因素。共生单元A和共生单元B之间共生关系的形成受到内、外因素综合影响。内在因素指内在需求驱动力,包括降低成本、增强协同效应、提高创新质量、分摊创新风险。外在因素指外在动力,包括技术发展推动力、市场需求拉动力和适宜的创新环境。共生的目的在于双方通过资源、技术、能力等方面的优势互补,协同创新获得比单独创新更大的收益,如降低成本、增加效益、提高质量、规避风险。

2)质参量兼容

质参量包括物质(如资金)、能量(如人力资源)、信息(如知识)等,用作判断共生关系是否存在的必要条件及表征共生关系强度的测算依据。质参量兼容,

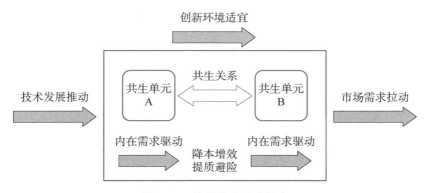

图6-4 协同共生形成因素

指两个共生单元之间彼此所能提供的质参量正好是对方需要的质参量。假定共生单元 A 的质参量为 $Z_a = (Z_{a1}, Z_{a2}, \cdots, Z_{ai})$,共生单元 B 的质参量为 $Z_b = (Z_{b1}, Z_{b2}, \cdots, Z_{bj})$,若满足 $Z_{ai} = \eta(Z_{bj})$ 且 $Z_{bi} = \eta(Z_{aj})$,则表示共生单元 A 与 B 质参量兼容。

用共生度表示共生单元 A 的质参量 Z_{ai} 的变化引起共生单元 B 的质参量 Z_{bj} 变化的关联程度,A 和 B 的共生度为

$$R_{AB} = \frac{\mathrm{d}Z_{ai}/Z_{ai}}{\mathrm{d}Z_{bj}/Z_{bj}} = \frac{Z_{bj}}{Z_{ai}} \cdot \frac{\mathrm{d}Z_{ai}}{\mathrm{d}Z_{bj}} \quad (\mathrm{d}Z_{bj} \neq 0) \qquad (6-1)$$

若 $R_{AB} = R_{BA} > 0$,表示对称互惠共生;若 $R_{AB} \neq R_{BA} > 0$,则表示非对称互惠共生。若 A 和 B 的主质参量分别为 Z_{ai}^m 和 Z_{bj}^m,则 A 和 B 的特征共生度为

$$R_{AB}^m = \frac{\mathrm{d}Z_{ai}^m/Z_{ai}^m}{\mathrm{d}Z_{bj}^m/Z_{bj}^m} \qquad (6-2)$$

共生单元 A 和 B 关于主质参量的共生系数为 φ_{AB} 和 φ_{BA}:

$$\varphi_{AB} = \frac{|R_{AB}^m|}{|R_{AB}^m| + |R_{BA}^m|} \qquad (6-3)$$

$$\varphi_{BA} = \frac{|R_{BA}^m|}{|R_{AB}^m| + |R_{BA}^m|} \qquad (6-4)$$

共生单元 A 与 B 之间建立共生关系,可归为三种类型:产品或服务的供需关系 $A \to B$、物质的交换关系 $A \leftrightarrow B$、知识/资源的共享关系 $A \Leftrightarrow B$,分别赋权

ω_1、ω_2 和 ω_3，满足 $\omega_1 + \omega_2 + \omega_3 = 1$，则综合共生系数大小为

$$\overline{\varphi_{AB}} = \omega_1 \frac{|R_{AB}^{m_1}|}{|R_{AB}^{m_1}| + |R_{BA}^{m_1}|} + \omega_2 \frac{|R_{AB}^{m_2}|}{|R_{AB}^{m_2}| + |R_{BA}^{m_2}|} + \omega_3 \frac{|R_{AB}^{m_3}|}{|R_{AB}^{m_3}| + |R_{BA}^{m_3}|}$$

$$(6-5)$$

$$\overline{\varphi_{AB}} + \overline{\varphi_{BA}} = 1 \qquad (6-6)$$

若 $\overline{\varphi_{AB}} > 0.5 > \overline{\varphi_{BA}}$，说明共生单元 A 对共生单元 B 影响强度更大。若 $R_{AB}^m < 0$，表示 A 的质参量变化引起 B 的质参量反方向变化，说明 A 与 B 为负向共生关系，存在价值冲突，需要加以解决。$R_{AB}^m > 0$，表示 A 与 B 为正向共生关系。

3）共生界面选择

共生单元之间通过共生界面进行物质流、能量流、信息流和知识流的传递、交换，共生单元依据所需的物质流、能量流、信息流和知识流选择合适的共生界面（即共生平台）。

4）共生能量生成

共生能量指共生单元之间通过共生界面进行共生基质（即物质流、能量流、信息流、知识流）的交换，产生共生能量，既包括共生单元单独产生的能量，又包括因交互产生的新增能量，共生能量的大小反映共生的产出效果，共生能量的类型可分为物质能、资金能、知识能等。共生能量涌现机制将在下一章详细介绍。

6.1.3 协同共生网络及共生系统

1）共创主体之间的关联关系

创新主体之间的关联关系可由第 5 章中用户价值驱动下的 SPIE‑VSM 结构要素模型及共创过程分析获得。

如图 6‑5(a)所示，交换价值驱动下，核心企业和供应链企业通过创新平台进行价值共创，共生关系表现为核心企业与供应链企业之间的共生。创新平台作为双边平台连接核心企业和供应链企业，发挥研发平台功能。

如图 6‑5(b)所示，使用价值驱动下，核心企业与合作企业、用户进行价值共创，共生关系表现为核心企业与合作企业之间的共生、核心企业与用户之间的共生。创新平台作为双边平台连接核心企业和合作企业、核心企业和用户，发挥研发平台、服务平台功能。

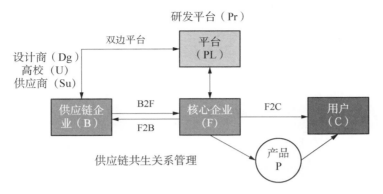

（a）交换价值驱动的共生关系

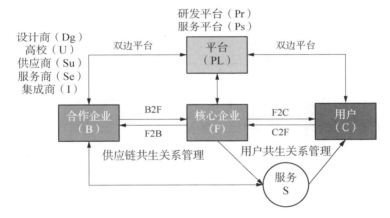

（b）使用价值驱动的共生关系

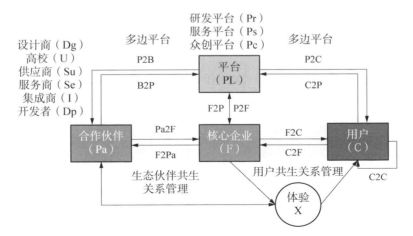

（c）体验价值驱动的共生关系

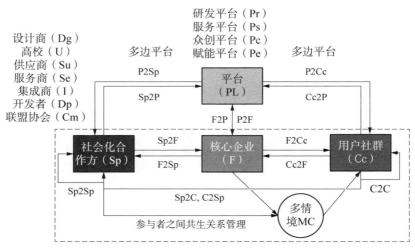

（d）情境价值驱动的共生关系

图 6-5 不同价值驱动的共创主体之间关联关系

如图 6-5（c）所示，体验价值驱动下，核心企业和供应链企业通过研发平台进行价值共创，共生关系表现为核心企业与生态伙伴之间的共生、核心企业与用户之间的共生、用户与用户共生。创新平台作为多边平台广泛连接核心企业、合作伙伴、用户，发挥研发平台、服务平台、众创平台功能。

如图 6-5（d）所示，情境价值驱动下，核心企业和社会化合作方、用户社群通过创新平台进行价值共创，共生关系表现为所有参与者之间的共生。创新平台作为多边平台广泛连接所有社会化参与者，发挥研发平台、服务平台、众创平台、赋能平台功能。

2）协同共生网络

以共生单元为节点，共生单元之间的共生关系为边，构建协同共生网络，如图 6-6 所示。从共生范围视角看（即横轴），协同共生网络范围由小到大依次分为：组织内共生、组织间共生、跨生态共生。从协同范围视角看（即纵轴），协同共生网络协同层次由低到高依次分为：过程协同、资源协同、价值协同。综合以上两个维度，协同共生网络可分为三种类型：组织内协同共生网络（intra-organizational collaborative symbiosis network，intra-OCSN）、组织间协同共生网络（inter-organizational collaborative symbiosis network，inter-OCSN）、生态协同共生网络（ecology collaborative symbiosis network，ECSN）。组织

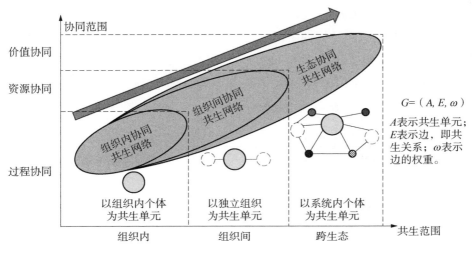

图 6-6　协同共生网络

内协同共生网络旨在实现创新资源组织内部循环。组织间协同共生网络旨在实现创新资源组织外部循环。生态协同共生网络旨在实现创新资源的内、外双循环。

设集合 $A = \{a_1, a_2, \cdots, a_n\}$ 表示 n 个共生单元的集合，$E = \{(a_i, a_j) | \Gamma(a_i, a_j) = 1\}$ 表示存在共生关系的节点的边集，$\omega(a_i, a_j)$ 表示边的权重。

$$\Gamma(a_i, a_j) = \begin{cases} 1 & (a_i, a_j \ \text{存在共生关系}) \\ 0 & (a_i, a_j \ \text{不存在共生关系}) \end{cases} \quad (6-7)$$

协同共生网络形式化表达为 $G = (A, E, \omega)$。相应地，以创新个体为共生单元的协同共生网络为 $G^1 = (A^1, E^1, \omega^1)$，$A^1$ 为创新个体集合，E^1 为创新个体之间的共生关系的集合，ω^1 为共生关系权重。

用上一节综合共生系数表示共生单元之间共生关系大小，构建共生关系矩阵 C：

$$C_{n \times n} = \begin{array}{c} \\ a_1^1 \\ a_2^1 \\ \vdots \\ a_n^1 \end{array} \begin{array}{cccc} a_1^1 & a_2^1 & \cdots & a_n^1 \\ \begin{bmatrix} c_{11} & c_{12} & \cdots & c_{1n} \\ c_{21} & c_{22} & \cdots & c_{2n} \\ \vdots & \vdots & & \vdots \\ c_{n1} & c_{n2} & \cdots & c_{nn} \end{bmatrix} \end{array} \quad (6-8)$$

其中，c_{ij} 表示共生单元 a_i^1 与 a_j^1 之间的共生系数，且 c_{ij} 不一定等于 c_{ji}。

从网络结构角度，协同共生网络分为单中心型 S_1、多中心型 S_2、无中心型 S_3。从组织模式角度，协同共生网络依次为组织内协同共生网络 O_1、组织间协同共生网络 O_2、生态协同共生网络 O_3。基于这两个维度，构建协同共生网络的状态矩阵，共 9 种状态，见表 6-1。

表 6-1　协同共生网络状态矩阵

组织模式	单中心(S_1)	多中心(S_2)	无中心(S_3)
组织内协同共生(O_1)	(O_1, S_1)	(O_1, S_2)	(O_1, S_3)
组织间协同共生(O_2)	(O_2, S_1)	(O_2, S_2)	(O_2, S_3)
生态协同共生(O_3)	(O_3, S_1)	(O_3, S_2)	(O_3, S_3)

3）协同共生系统

协同共生系统指在某种共生环境下由一组共生单元形成的系统。根据共生单元的复杂性不同，以创新个体为共生单元的共生系统为 Ⅰ 型共生系统，以创新种群为共生单元的共生系统为 Ⅱ 型共生系统，以创新群落为共生单元的共生系统为 Ⅲ 型共生系统，如图 6-7 所示。

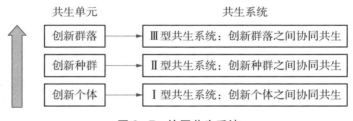

图 6-7　协同共生系统

6.2　基于 TRIZ 理论的协同共生价值冲突解决方法

共生关系处于动态变化之中。在智能产品创新过程中，由于共生单元之间生态位的重叠，会出现矛盾与冲突。若得不到有效解决，将影响创新生态系统的健康运行和创新绩效。TRIZ 理论[64]在处理矛盾冲突问题方面具有优势，因此，本节对传统 TRIZ 方法进行了改进，提出了基于 TRIZ 理论的协同共生价值冲突解决方法,用于解决共生单元之间价值冲突。首先,通过共生关系矩阵识别共生单元之间的价值冲突。然后,运用改进的 TRIZ 方法解决冲突。

6.2.1　价值冲突识别

智能产品的创新生态系统中,用户需求、产品/服务、共生单元之间存在的冲突类别可分为两类:技术冲突和管理冲突,见表 6-2。其中,价值冲突主要体现在目标、利益和知识产权等三个方面。

表 6-2　冲突类型

冲突类型	冲突双方	冲突描述
技术冲突	产品/服务技术特性之间	产品/服务因技术参数差异导致的冲突
	产品/服务技术特性与客户需求之间	产品/服务的技术参数与客户需求不匹配
	产品/服务技术特性与共生单元之间	产品/服务的技术特性与相关方能力不匹配
管理冲突	客户需求之间	客户需求之间的差异导致的冲突
	客户需求与共生单元之间	客户需求与相关方能力不匹配
	共生单元之间	相关方之间的价值冲突,包括目标冲突、利益冲突、知识产权冲突

$\theta(U_i, U_j)$ 表示共生单元 U_i 与 U_j 之间的关联关系应满足以下条件:

$$\theta(U_i, U_j) = c_{ij} = \begin{cases} > 0 & (U_i \text{ 与 } U_j \text{ 正相关,不冲突}) \\ 0 & (U_i \text{ 与 } U_j \text{ 无关,不冲突}) \\ < 0 & (U_i \text{ 与 } U_j \text{ 负相关,冲突}) \end{cases} \quad (6-9)$$

c_{ij} 为共生关系矩阵中的共生系数。通过上一节计算得到的共生关系矩阵,依据式(6-9)可知 $\theta(U_i, U_j)$ 的大小,进而可识别冲突。

6.2.2　价值冲突解决方法

传统 TRIZ 方法主要用于解决产品或服务技术特性相关的冲突,这类冲突属于技术冲突。智能产品创新生态系统环境下共生单元之间的价值冲突属于管理冲突范畴,因此需要对传统 TRIZ 方法进行改进,使其适用于解决智能产品创新生态系统的共生单元之间价值冲突问题。参照传统 TRIZ 方法中 39 个工程参数定义的 29 个价值冲突影响因素见表 6-3，为便于查找冲突矛盾矩阵，序号与原始 39 个工程参数序号保持一致。

表6-3 29个价值冲突影响因素

原序	工程参数	价值冲突影响因素	描　　述
1	运动物体重量	应用价值	创新能力及技术的应用价值
5	运动物体面积	知识溢出效应	企业、员工成长性和学习能力提升
7	运动物体体积	社会形象及声誉	学术声誉、社会声誉、品牌声誉
9	速度	创新活动响应速度	对创新任务需求做出反应的速度
10	力	创新资源供给	创新资源供给能力
11	应力,压强	风险承担能力	承担社会责任,环保责任,抵抗风险的能力
13	稳定性	稳定性	研发(产品、流程、人员、财务)稳定性
14	强度	技术先进性与适应性	技术先进性与适应性
15	运动物体作用时间	创新时间	完成创新任务所需要的时间
17	温度	共同创新的环境	价值共创的氛围
18	照度	创新环境品质	创新环境的舒适度
19	运动物体能量消耗	创新成本	研发经费投入,人员投入
21	功率	经济价值	获得的经济价值,市场份额和增长率,投资收益率,财务回报
22	能量损失	资源损失	用不同的方法改善资源的利用
24	信息损失	信息损失	部分或全部、永久或临时的数据损失

（续表）

原序	工程参数	价值冲突影响因素	描　述
25	时间损失	创新生态系统生命周期	创新活动持续的时间间隔
26	物质的量	创新任务数量	创新任务及子流程的数量
27	可靠性	人员可靠性	创新主体履行共创活动承诺的能力
28	测量精度	信息准确性	获得用户需求，资源需求等信息的准确性
29	制造精度	智能产品服务交付准确性	智能产品解决方案满足客户需求的程度
30	作用于物体的有害因素	创新环境安全性	人员、数据、信息安全
31	物体产生的有害因素	技术壁垒	技术壁垒影响知识共享
32	可制造性	利益分配，价值共享	价值分配的公平性
33	操作流程方便性	资源共享便利性	获取资源的难易程度
34	可维修性	价值补偿，投资风险可控	价值丢失或价值毁灭之后的补救措施
35	适应性，通用性	生态系统自适应性	生态系统满足外部环境变化的能力
36	系统的复杂性	生态系统的复杂性	创新主体多，创新活动多，结构复杂
37	控制和测量复杂性	知识产权保护	知识产权保护的难易程度
39	生产率	创新效率	单位时间系统完成创新任务的项数

　　根据表 6-3 中 29 个影响因素对应的传统 TRIZ 工程属性，构建一个 29 行 29 列的共生单元价值冲突矛盾矩阵，见表 6-4。

表 6-4　共生单元价值冲突矛盾矩阵

恶化特性列为改善特性行。下表为行(1-29改善特性)与列(1-29恶化特性)的矩阵。

改善特性＼恶化特性	1 应用价值	2 成本性	3 社会形象及声誉	4 创新活动的速度与响应速度	5 创新资源供给	6 责任承担	7 技术先进性与适应性	8 技术先进性与适应性	9 时间	10 共同创新的环境	11 创新环境品质	12 创新成本	13 经济价值	14 资源损失	15 信息损失
1 应用价值		29,17,3 8,34	29,2,40 ,28	2,8,15, 38	8,10,18 ,37	1,36,3, 7,40	19,1,32	28,27,1 8,40	5,34,31 ,35	6,29,4, 38	19,1,32	35,12,3 4,31	12,36,1 8,31	6,2,34, 19	10,24,3 5
2 成本性	2,17,29 ,4		7,14,17 ,28	13,28,1	13,28,1 5,19	10,36,3 ,7,40	32,3,27	3,15,40 ,14	6,3	2,15,16 ,38	15,32,1 9,13	19,32	8,31	15,17,3 ,26	30,26
3 社会形象及声誉	2,26,29	7,29,34		13,28,1 5,19	19,30,3 5,2	10,15,3 6,37	10,15,1 ,4,7	9,14,15 ,19	6,35,4	34,39,1 0,18	10,13,2	19,32	19,10,3 5 2,18	15,17,3 0,26	2,22
4 创新活动的速度与响应速度	2,28,13 ,18	19,10,1	15,9,12 ,37	13,28,1	13,28,1	6,18,38	35,10,1 4,27	8,3,26, 14	3,19,35 ,5	34,39,1 0,18	10,13,2	8,15,35	35,6,13	7,15,13 ,14	13,26
5 创新资源供给	8,1,37, 18	10,15,3 6,35	6,35,10 ,18	6,35,36 ,5,12	36,35,2	35,10,2 ,18	9,18,3, 40	35,10,1 4,27	19,2	35,10,2 ,9,2	32,30,2	19,17,1 ,4,37	19,35,1 ,6,37	14,20,1 9,35	13,26
6 责任承担	10,36,3 ,7,40	10,15,3 ,4,7	6,35,10	18,21,1 ,6	36,35,2	7,24,6, 40	32,35,2 ,6	17,9,15	13,27,1 0,35	35,1,16 ,9,2	2,15,19	19,17,1 0	10,35,1 7,4	14,15	
7 技术先进性与适应性	21,35,2 ,39	2,11,13	10,2,19 ,40	33,1,5, 2,18	35,23,1 ,44	2,35,40	8,18,3, 17,9,15	27,3,26	32,35,2 4,25	35,1,32	32,3,27	32,35,2 ,6	14,2,39 ,6	2,36,25	
8 技术先进性与适应性	1,8,40, 15	3,34,40 ,29	10,15,1 ,4	8,18,7	36,38	18,35,3 7,1	17,9,15	26	27,3,26	30,10,4 ,25	35,19	13,19	3,38	35	
9 时间	19,5,34 ,31	3,17,19	10,2,19 ,30	3,35,5	19,2,16 ,26,19,6	19,3,27	27,3,26	19,13,3 ,27		19,35,3 ,9	2,19,4, 35	28,6,35 ,18	19,10,3 5	14,2,39 ,8	10,19
10 共同创新的环境	36,22,6 38	3,35,39 9,32	34,39,4 0,18	2,28,36 30	26,19,6	35,39,1 9,2	30,10,4	10,30,2 ,40	19,13,3 9	32,35,1	2,15,19		5,38	13,16,1	19,10
11 创新环境品质	19,1,32 6	19,32,2 6	2,13,10 28	10,28,3 24	32,2	35,3,22	19,24,1	2,40	2,19,6	32,3,27	1,16	32,1,19	32	18,4	
12 创新成本	12,18,2 8,31	15,19,2 5	22,23,3 7	21,22,3 5	16,26,2 ,36	3,35,40 ,2	28,24,2 2,23	35,1,32	35,3,15 ,19,2,16	2,14,17 25	1,19,32 ,13	28,24,2 2,23,26	6,19,37	5,24	
13 经济价值	8,36,38 ,31	19,38	35,6,38	28,13,3 5,23	26,32,2 7,22,36	22,23,3 7	24,28,3 5	24,28,3 5	19,35,1 8	35,32,1	11,32,1	34,29,1 6,18	35	7,18,25	10,28
14 资源损失	15,6,19 28	15,26,1 7,30	7,18,23 ,40	15,22,3 3,31	35,28,1 ,40	35,40,2 7,1	33,30	26	35,10,2 ,18	35,2,10 16	11,32,1 ,13	21,11,2 7,19	21,22,3 5,2	8	10,19
15 信息损失	10,24,3 5	30,26			2,22		22,10,2	10,30,4	19,38,7	19,26	35	3,6,32	6,31	35,33,2 9,31	8
16 创新生态系统生命周期	10,20,3 7,35	26,4,5, 16	2,5,34, 10	3,35,5	35,14,3	37,36,4	24,26,2 8,32	29,3,28 10	20,10,2 8,18	35,29,2 ,14	1,19,26 24	35,38,1 ,10	35,20,1 0,6	10,5,18 32	24,26,2 8,32
17 创新任务数量	3,8,10, 40	15,14,2 8	3,10,14 ,24	15,35,2 3	8,28,10 3	10,36,1 4,3	24,35,2 ,5	35,38	3,35,10 23	3,17,39	11,32,1 3	34,29,1 6,18	35	7,18,25 5,24	24,28,3 5
18 人员可靠性	32,35,2 6,28	28,33,2 3	25,23,2 ,25	21,22,3 5,28	28,10,3 22	35,18,2 4	11,28,7	3,6,32	2,33,3, 25	3,35,10 24	11,32,1	27,1,12 21,11,2 7	3,6,32	26,32,2 ,7	32,24,1 8,16
19 智能产品服务交付价值	3,18	23	32,13,6	13,6	32,2	3,35	13,1,35	26,8,32	3,27,40 10	19,26	6,1,32	3,6,32	3,2,32	7	8,32
20 创新环境安全	22,21,2 7,39	22,1,33 ,24	27,3,15 ,28	21,22,3 5,2	2,35,6	2,32,12	21,35,2 2,2	3,27	19,35,3 ,10	22,33,3 5,2	1,19,32 13	1,24,6, 27,1,4	32,2	13,32,2	2,35,24
21 技术安全度	19,22,3 1	17,2,18 22	13,1,26 ,24	32,13,6	35,19	2,32,12	28,24,2 2,23	35,3,32	29,3,8, 25	32,35,1 3	13,17,1 ,24	2,35,6	3,2,35 ,40	32,35,1 3	8,16
22 利益分配、价值共享	28,29,1 5,16	15,13,3 ,2	35,40,2 7,18	35,10,2	22,2,37	13	18	35,16	35,10,2 5	26,27,1	3	3,6,32	3,6,32	2,5,12	2,19
23 资源共享便利性	25,2,13 15	15,13,3 2	25,2,35 ,3	34,9	35,12	2,35	2,35,6	11,28	11,29,2 8,27	4,10	11,32,1 3	3,6,32	3,6,32	2,19	2
24 利益补偿、投资风险回报的分担	16,6,15 8	35,30,2 9,7	15,3,2	5,11,10	1,11,10	35,16	1,11,2, 8	13,1,35	1,13,35	27,2,3, 35	15,1,13	15,1,28 24	15,10,3 2,2	2,19,13 32	34
25 资源共享度	26,30,3 4,36	14,1,13 ,16	34,26,6	3,4,16, 35	26,16	19,1,35	35,3,15 5,18	10,4,28 15	11,29,2 5,15,3	2,17,13	6,22,26	19,1,35 ,24,28	32,35,3 ,29,31	2,13,28 ,34	15,34,1 ,16
26 生态系统的复杂性	27,26,2 18	2,13,18 17	29,1,4, 16	3,13,27 ,10	22,2,37	11,22,3 9,30	27,3,15 28	10,4,28	19,29,2 5,39	3,27,35 16	24,17,1 ,3	27,22,2 ,28	19,16,3 0,4	35,3,15 ,23	35,33,2 9,31
27 生态系统防护	30,33,1 4,36	2,13,18	2,6,34, 10	3,4,16, 35	28,15,1 ,0,16	10,37,1	11,22,3 9,32	10,4,28 39	35,10,2 ,18	35,21,2 8,10,3	26,1	35,38	35,20,1 ,0,18	28,10,2 9,35	13,15,2
28 知识产权防护	35,26,2 4,37	10,26,3 4,31	2,6,34, 10				22,35,1 3,24	35,1,11	35,10,2 ,18					28,10,2 9,35	
29 创新效率	35,26,2 4,37	10,26,3	2,6,34, 10						13,23, 5	13,23					

改善特性＼恶化特性	16 创新生态系系统安全度	17 创新任务量	18 人员可靠性	19 信息推演响应时间	20 副智能品牌服务价值	21 技术体验安全性	22 技术体验度	23 利益分配、价值共享度	24 资源共配、价值共享便利性	25 价值补偿、投资回报性	26 生态系统的复杂性	27 生态系统的稳态性	28 知识产权保护	29 创新效率
1 应用价值	10,35,2 ,28	3,26,18 ,31	3,11,1, 27	28,27,3 5,26	28,35,2 6,18	22,21,1 8,27	22,35,3 1,39	27,28,1 ,36	35,3,2, 24	2,27,28 ,11	29,5,15 ,8	26,30,3 4	28,29,2 ,32	35,3,24 ,37
2 成本性	0,28	,31	27	5,26	6,18	8,27	1,39	,36	24	15,13,1	,8	6,34	6,32	,37
3 社会形象及声誉	26,4	29,30,6 ,35	29,9	26,28,3 ,2	2,32	22,33,2 8,1	17,2,18 ,39	13,1,26 ,24	15,17,1 3,16	15,13,1 ,0,1	15,30	14,1,13	,18	10,26,3 4,2
4 创新活动的速度与响应速度	2,6,34, 10	29,3,0, 6	14,1,40	25,26,2 8	25,28,2 ,16	22,21,2 ,35	17,2,40	29,1,40	15,13,3 ,1	10	15,29	15,29	29,26,4	4,2
5 创新资源供给		10,19,2	11,35,2	28,32,1	10,28,3	1,28,35 23	2,24,35	35,13,8 ,1	32,28,1	34,2,28 27	15,10,2	15,1,37	3,34,27	3,28,35 37
6 责任承担	10,37,3 6	14,29,1 ,36	3,35,13 1	35,10,2 ,1	28,29,3 7,36	1,35,40 18	13,3,36 ,24	15,37,1 ,8	1,28,3, 25	15,1,11	15,17,2 0	2	0,19	3,28,35 ,37
7 技术先进性与适应性	37,36,4	10,14,3 5,3	10,13,1	6,28,25	3,35	22,2,37	18	35,19	11	2,35,10 ,16	4,2	35	2,36,37	10,14,3 5,37
8 技术先进性与适应性	35,27	15,32,3 5	11,3	13	18	35,24,1 ,18,30	35,40,2 7,39	5,19	11	29,10,2 7	35,30	19,1,35	2,36,37	5,37
9 时间	29,3,28 ,18	29,10,2 7	11,2,13 ,10,9	3,27,16	3,27	18,35,3 7,10	21,39,1	35,19	32,40,2 8,2	27,11,3	1,35,13	10,4,29 15	35,17,1 4,19	35,17,1 ,4,19
10 共同创新的环境	35,28,2 4,2	35,3,17 ,39	19,35,3 ,10	32,19,2 4	3,32	22,15,3 3,28	35,19	28,26,3 5	32,35,1 3	2,35,10 16	35,30,3 ,24	29,35,1 ,5	3,28,35	3,28,35 5,37
11 创新环境品质	19,1,26 ,17	10,14,3 5	19,21,1 1,27	3,1,32	32,2	1,35,6, 27	2,35,6	26,10,3 2	19,35	1,15,17	1,35,13	2	2,36,37	
12 创新成本	35,28,1 ,40	15,32,3 5,2	19,24,2 6,31	3,1,32	26,28,3 2,3	1,35,16	2,35,6	26,10,3 4	2,25,28 ,39	35,10,2 ,16	12,28,3 5	15,3,32 ,16	27,40,2 8,8	35,3,24 ,37
13 经济价值	35,18,1 0,13	35,33,2 4,27	19,24,2 6,31,6	32,15,2 6	26,28,3 2,3	19,22,3 1,2	21,22,3 5,2	19,35,2 9,13	28,29,2 6,13	35,10,2	13,3,27 ,10	19,29,3	6,28,11 ,1	12,17,2 8
14 资源损失	18,1,35 ,2,7	14,35,3 4,10	18,3,28 40	13,2,28 ,1	4,17,34 26	1,22	2,35,18	6,35,25 ,18	4,28,10 34	12,26,1 8	15,34,3 3	20,10,1 6,38	15,1,28	8,10,29 ,39
15 信息损失	24,26,2 8,32	35,38,1 ,10	10,28,2 ,3	11,15,3 2	11,32,1	10,21,2	10,21,2 ,2	8,26	34	34	24	0,34	23	13,23
16 创新生态系统生命周期		35,38,1 ,0	10,30,4	24,34,2 8,32	24,26,2 8,18	35,18,3 4	35,22,1 8,39	35,28,3 4,4	4,28,10 34	32,1,10 25	35,28	32,30,2 1	35,34,2 16,31	35,34,2 16,31
17 创新任务数量	35,38,1 ,6		10,30,4 ,18,28	24,24,3 26,8,32	24,26,2 8,32	35,33,2 9,31	3,35,40 9,31	3,24,39 1	35,29,2 5,10	2,32,10 25	35,29	3,13,27 10	3,27,29 18	13,29,3 ,27
18 人员可靠性	35,38,1 ,6	21,28,4 0,3		32,3,11 23	11,32,1	28,24,2 2,26	3,33,39	6,35,25 ,18	1,13,17 ,34	1,32,13 11	13,35,1	27,24,2 39	27,24,2 28	35,1,10 ,28
19 智能产品服务交付价值	10,30,4	2,6,32	5,11,1, 23		2,26	2,26	4,17,34 26	1,32,35 23	1,32,35 23	25,10	26,24,3 2	22,19,2 9,40	2,28	10,18,3 ,2,39
20 创新环境安全	24,34,2 8,32	2,6,32	11,32,1	2,26		2,26	3,33,39	1,32,35 23	1,32,35	35,10,2	26,24,3 2	22,19,2 9,40	2,28	10,18,3 ,2,39
21 技术安全度	35,18,3 4	5,38,1	11,32,1	2,26	2,26		3,33,39	4,17,34 26	24,2	35,10,2 5	35,10,2 5	35,11,3 2,31	22,35,2 1	35,1,10 ,28
22 利益分配、价值共享	35,38,1 ,6	3,24,39 1	27,24,2 39	28,33,2 3,26	26,28,3 2	28,24,2 2,26		24,35,2	2,25,28 39	2,25,28 31	35,28	22,19,2 9,40	22,35,2 1	22,35,2 1
23 资源共享便利性	35,28,3 9,31	3,24,39 1	27,24,2 39	28,33,2 3,26	26,28,3 2	28,24,2 2,26	24,35,2		2,5,13	2,5,12	35,13,1 ,0	2,5,12	5,28,11 ,29	35,28,2 ,29
24 利益补偿、投资风险回报的分担	32,1,10 25	12,27	17,27,8 40	25,13,1 2,17	1,32,35 23	24,2	2,25,28 39	2,5,13		32,10	1,12,26 15	15,34,1 ,16	1,16,7, 4	1,32,10 25
25 资源共享度	35,28	2,28,10 25	13,15,2 3	10,2,13	22,19,2 9,40	35,11,3 2,31	2,13,15	1,13,31	15,34,1 ,16		15,29,3 7,28	1	1,32,10 25	1,35,28 ,37
26 生态系统的复杂性	6,29	13,3,27 29,18	13,35,1	2,26,10 34	26,24,3 2,28	22,19,2 9,40	19,1,31	2,21	2	12,26	15,29,3 7,28		15,10,3 7,28	35,18,2 7,2
27 生态系统防护	18,28,3 2,9	3,27,29 18	11,10,1 ,35	13,35,8 ,24	22,19,2 9,40	22,19,2 9,28	22,19,2 9,40	1,13,31	15,34,1 ,16,7	1,13	15,10,3 7,28	15,10,3 7,28		35,18,2 7,2
28 知识产权防护	18,28,3 2,9	3,27,29 18	1,35,10 ,28	1,10,34 ,28	32,1,18	22,19,2 9,28	22,35,2 1	5,28,11 ,29	1,32,10 25	1,32,10 25	1,35,28 ,37	35,18,2 7,2		35,18,2 7,2
29 创新效率	2,9	35,38	1,35,10 ,28	1,10,34 ,28	32,1,18		35,22,1	5,28,11 ,29	1,32,10 25	1,35,28 37	1,35,28 ,37	35,18,2 7,2	35,18,2 7,2	

价值冲突的解决过程如图 6-8 所示。识别出价值冲突之后,需要把具体的价值冲突与表 6-3 所示的影响因素相对应,然后查找表 6-4 所示的冲突矛盾矩阵,得到推荐的价值冲突解决原理。最后,根据改进的发明原理,制定解决方案。

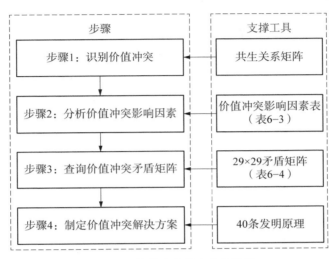

图 6-8　价值冲突解决方法流程

具体步骤如下:

步骤 1:识别价值冲突。基于共生关系矩阵的计算结果,查找为负数的共生关系系数。

步骤 2:价值冲突影响因素分析。分析价值冲突的原因,依据表 6-3 所示价值冲突影响因素判断需改善的参数和恶化的参数。

步骤 3:查询价值冲突矛盾矩阵,获得推荐的发明原理。依据表 6-4 所示矛盾矩阵,改善和恶化参数交叉处为推荐的发明原理。

步骤 4:依据 40 条发明原理,制定价值冲突解决方案。根据具体实际,参照推荐的发明原理,形成冲突解决方案,解决共生单元之间的价值冲突。

6.3　基于 S 曲线的共生进化

为了保证创新生态系统的可持续运行和持续竞争力,生态系统需要进行持续协同进化,不断适应内外部环境变化。智能产品创新生态系统的协同共生经历了从无到有,从无序到有序,从低阶有序到高阶有序的动态变化过程。本小节先介绍智能产品创新生态系统的演化生命周期,再研究系统共生的进化机理。

6.3.1　智能产品创新生态系统演化生命周期

S曲线用于刻画自然界中存在增长极限的物种增长情况。基于S曲线理论,本书构建了智能产品的创新生态系统创新绩效增长模型,如图6-9所示。

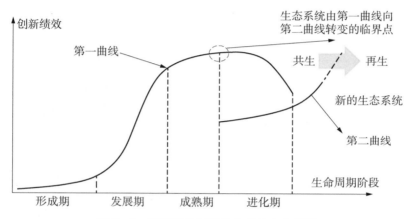

图6-9　智能产品创新生态系统生命周期

图6-9显示了两条S形曲线,分别称为第一曲线和第二曲线。第一曲线反映了智能产品的创新生态系统从无到有,从无序到有序的发展历程。第二曲线反映了智能产品的创新生态系统进化和再生过程。第二曲线的起点一般处于第一曲线成熟期的临界点。当第一曲线的智能产品创新生态系统发展到成熟期时,生态系统由于共生能量的消耗大于共生能量的生成,面临系统退化和崩塌的风险。此时,智能产品创新生态系统在内、外部进化机制的综合作用下,从第一曲线迈向第二曲线,通过涨落进入高阶有序新状态,实现创新生态系统能级跃迁,原有创新生态系统进化形成新的创新生态系统,具备了更优质构成要素、结构、功能和状态。

智能产品的创新生态系统生命周期分为四个阶段,包括形成期、发展期、成熟期和进化期。

（1）形成期,指智能产品创新生态系统的萌芽和形成,包括创新平台等基础设施的建设、创新生态的形成。

（2）发展期，指智能产品创新生态系统的发展和壮大，包括社会化创新主体规模的壮大、分散化创新资源的汇聚、创新平台功能的完善、平台对创新主体的分散化服务与赋能。

（3）成熟期，指智能产品创新生态系统的均衡和稳定，包括要素、结构和功能的稳定性以及智能产品创新活动的有序进行。

（4）进化期，指智能产品创新生态系统的更新和优化升级，系统从共生走向再生，通过进化形成新的创新生态系统使系统延续。

进化的类型包括渐进式进化和突变。渐进式进化持续进行，包括共生和互生两种。突变式进化是一种相变过程，包括派生出新的业态和相关方，如方案提供商、物流服务商。进化的表现形式包括微观、中观和宏观三个层面。其中，微观层面表现为共生单元功能优化，即创新生态系统要素的进化，如节点企业进化为平台企业。中观层面表现为共生关系进化，即创新生态系统结构的进化。宏观层面表现为创新生态系统整体功能的进化。

各阶段的特征见表 6-5。

表 6-5　智能产品的创新生态系统各阶段特征

特征	形成期	发展期	成熟期	进化期
共生单元	主体规模和种类少	主体数量增加，种类增加	形成规模效应、组分效应	规模优化、组分优化
共生基质	种类少	流动增强	流动频繁	流动频繁
共生界面	平台功能单一	平台功能增加	平台功能完善	平台功能升级
系统稳定性	不稳定	较稳定	稳定	不稳定
共生能量	少	新增能量远大于消耗能量	新增能量与消耗能量均衡	多
共生网络	中心型链状	中心型网络	无中心型复杂网络	多中心型网络

6.3.2　系统共生的进化机理

自然生态系统普遍存在三种演化机制，分别是遗传机制、变异机制和选择机制。遗传机制指保留创新惯例；变异机制指从旧惯例到新惯例；选择机制强调适应性。自然生态系统的演化机制为智能产品创新生态系统的进化机制研究提供了参考和借鉴。

智能产品创新生态系统进化的目的是适应内外部创新环境。由于智能产品的创新生态系统是一个社会化生态系统，受到人为因素影响，因此，把智能产品创新生态系统自发进化的机制称为自组织进化机制，把外部干预导致进化的机制，称为他组织进化机制。智能产品的创新生态系统自组织进化机制包括遗传机制和变异机制。智能产品的创新生态系统他组织进化机制包括政府引导机制、市场选择机制和环境选择机制。

如图 6-10 所示，创新生态系统的状态可以分为远离平衡态、近平衡态和理想平衡态等三种类型。结合 6.2.1 小节中梳理的八种互利共生模式，对称-共同体型互利共生是智能产品创新生态系统进化的方向。根据耗散结构理论，自组织进化需满足四个基本条件：开放系统、远离平衡态、涨落和非线性作用。当智能产品的创新生态系统处于远离平衡态时，通过微小涨落的叠加效应形成巨涨落，才能发生相变，由远离平衡态跃迁到理想平衡态。

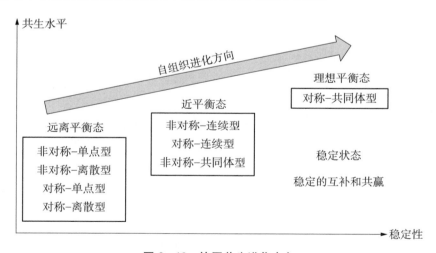

图 6-10 协同共生进化方向

现有文献基于结构熵、运行熵研究进化方向，本书综合考虑网络结构熵和灰色关联熵来构建创新生态系统熵变模型，通过计算熵变大小，判断系统演化方向，为生态系统运营者进行调控提供决策依据。

设创新生态系统的总熵值为 $S = S_+ + S_-$。S_+ 表示系统内部正熵和与外界交换引起的正熵流之和。S_- 表示系统与外界进行物质和能量交换引起的负熵流。根据耗散结构理论,若开放生态系统的总熵变 dS 大于 0,则系统走向无序甚至退化。若 dS 小于 0,则系统走向有序甚至进化。因此,为了从无序到有序,创新生态系统需要不断引入负熵(如引进新技术、新主体、资金等措施不断优化系统的要素、结构和功能),输出正熵,使整个系统的熵变超过一定阈值,智能产品创新生态系统通过涨落发生非平衡相变,进入新的稳定状态,实现生态系统的进化。

系统的熵变来自两个方面,即结构熵和状态熵。

1) 共生系统的网络结构熵

根据复杂网络理论,共生网络节点的度分布为

$$P(n_i) = \frac{n_i}{\sum_{i=1}^{N} n_i} \tag{6-10}$$

式中,n_i —— 与节点 i 相连的节点个数。

共生网络的结构熵为

$$E^S = -\sum_{i=1}^{N} \left(\frac{n_i}{\sum_{i=1}^{N} n_i} \ln \frac{n_i}{\sum_{i=1}^{N} n_i} \right) \tag{6-11}$$

归一化得到

$$S_i^1(t) = \overline{E^S} = \frac{E^S - E_{\min}^S}{E_{\max}^S - E^S} \tag{6-12}$$

2) 灰色关联熵

由灰度关联分析法知,智能产品创新生态系统第 i 个生态因子对最优因子 j 个指标的关联系数为

$$\xi_{ij} = \frac{\Delta(\min) + \upsilon\Delta(\max)}{|X_{ij} - X_{ij}^*| + \upsilon\Delta(\max)} \tag{6-13}$$

$$\Delta(\min) = \min\{|X_j - X_j^*|\} \tag{6-14}$$

$$\Delta(\max) = \max\{|X_j - X_j^*|\} \tag{6-15}$$

式中　X_j^* —— 理想状态；

　　υ —— 分辨系数，$\upsilon \in (0, 1)$，取值 0.5。

$$P_{ij} = \frac{\xi_{ij}}{\sum\limits_{i=1}^{n} \xi_{ij}} \qquad (6-16)$$

灰关联熵为

$$S_i^2(t) = -\sum_{j=1}^{m} P_{ij} \ln(P_{ij}) \qquad (6-17)$$

综合考虑灰色关联熵与网络结构熵，得到综合熵

$$S_i(t) = \alpha S_i^1(t) + \beta S_i^2(t) \qquad (6-18)$$

其中，$\alpha + \beta = 1$。根据综合熵变 $\Delta S_i(t)$ 的大小来判断进化的方向，若 $\Delta S_i(t) < 0$，表示熵减，系统有序；若 $\Delta S_i(t) > 0$，表示熵增，系统无序，需要采取相应的他组织机制进行调控，使创新生态系统朝着有序方向发展。

第7章 智能产品的创新生态系统创新共赢理论与方法

智能产品的创新生态系统构建及运行的最终目的,是共同分享共创价值,实现多方"共赢",包括用户价值、相关方价值和生态系统价值。因此,需要剖析创新共赢机理,以便优化智能产品创新生态系统的结构和功能,实现共创价值最大化。创新生态系统的运行效率和运行结果如何,需要建立一套评价体系和方法,对智能产品创新生态系统进行评价,以指导后续的改进和提升。本章目的是在剖析生态系统价值涌现的基础之上,建立一套支撑智能产品创新生态系统可持续高质量发展的绩效评价体系,一方面为智能产品创新生态系统的治理提供理论依据,另一方面应用于智能产品创新生态系统的管理实践之中,供企业进行多阶段评价,及时改进和优化,规避风险,使生态系统朝着健康方向发展。

针对以上问题和目的,本章将对智能产品创新生态系统的共赢机理和评价进行展开。其内容主要包括创新共赢思路、创新共赢机理、智能产品的创新生态系统绩效评价。

本章拟解决的关键科学问题是考虑涌现效应的创新生态系统共赢机理及创新绩效评价机制,包括考虑价值涌现的创新共赢机理问题、考虑过程和结果的创新绩效评价问题。本章构建了智能产品创新生态系统创新共赢的研究框架和流程,如图7-1所示。

1)创新共赢机理研究。从价值涌现和共生能量的视角,剖析智能产品创新生态系统创新共赢机理,揭示生态共建、资源共享、价值共创、系统共生与创新共赢的关系。研究不同层面之间价值溢出,包括创新个体层面、创新种群层面、创新群落层面。

2)智能产品创新生态系统绩效评价研究。结合创新共赢机理和前人关于创新生态系统评价的相关成果,构建智能产品创新生态系统绩效评价指标体系,提

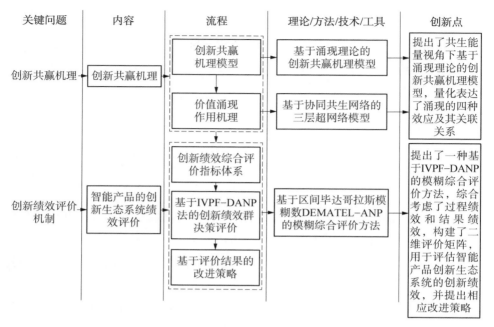

图 7‑1　创新共赢思路

出基于 IVPF‑DANP 法的综合评价方法进行评价,同时给出相应的改进策略。

本章创新点体现在:

(1)从共生能量视角,提出了基于涌现理论的智能产品的创新生态系统创新共赢机理模型,用数学模型量化表达了涌现理论四种效应及其关联关系。

(2)提出了一种基于 IVPF‑DANP 的创新生态系统创新绩效评价方法。该方法将 DEMATEL‑ANP 法拓展至区间毕达哥拉斯模糊环境,评价结果更贴近实际情况。评价对象方面,综合考虑过程绩效和结果绩效,构建了二维评价矩阵和绩效评价指标体系,用于评估智能产品的创新生态系统的绩效,并提出改进策略。

7.1　创新共赢机理

7.1.1　基于涌现理论的创新共赢机理模型

由于智能产品的创新生态系统最终目标是为了共享价值(即创新共赢),且创新过程依赖于以知识为主要形式的创新资源，因此智能产品创新生态系统可视为商业生态系统和知识生态系统的交叉融合。基于此，智能产品创新生态系统的创新空间可分为知识空间和价值空间，相应地，创新空间中的能量分为知识能 E_k 和资金能 E_m。

如图 7-2 所示，本书基于涌现理论采用 IPO（input-process-output）模型构建创新共赢机理模型包括三个阶段，分别是能量输入、能量转化和能量输出。

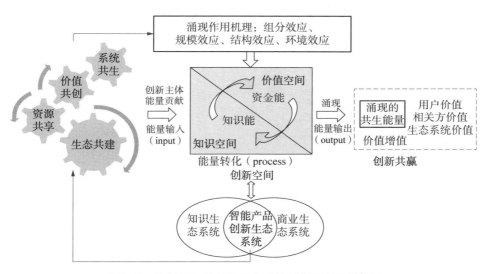

图 7-2　智能产品的创新生态系统创新共赢机理模型

（1）能量输入。指在智能产品的创新生态系统构建与运行的不同阶段（即生态共建、资源共享、价值共创、系统共生等阶段），众多创新主体为创新空间输入能量。

（2）能量转化。指在创新过程中知识能和资金能相互转化（即 $E_k \leftrightarrow E_m$）。通俗地讲，知识能转化为资金能的过程（即 $E_k \rightarrow E_m$）实现把知识变成钱，如企业等创新主体的应用研究。资金能转化为知识能的过程（即 $E_m \rightarrow E_k$）实现把钱变成知识，如高校科研院所等创新主体的基础研究。经过涌现机理的作用机制（即组分效应、规模效应、结构效应、环境效应，具体内容在下一节中介绍），实现价值增值。

（3）能量输出。指形成的涌现共生能量以价值形式输出，包括用户价值、相关方价值和生态系统价值。

7.1.2 价值涌现作用机理

为了说明智能产品的创新生态系统整体涌现性,即 $1+1>2$,结合第 6 章的协同共生网络,依据层次研究的三层关照原理,本节构建了基于"创新个体-创新种群-创新群落"的三层协同共生超网络模型,如图 7-3 所示。

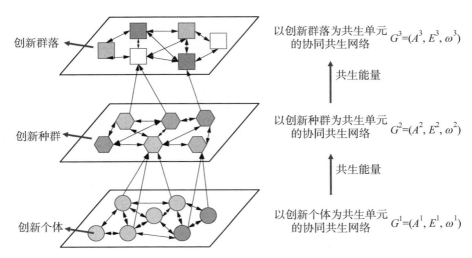

图 7-3 协同共生网络层次结构

由涌现的层次性可知,上一层具有下一层不具有的特征、属性、功能、行为等。从共生能量和价值涌现角度,依次从创新个体层到创新种群层、创新群落层,一直到整个创新生态系统,会实现价值涌现,涌现出共生能量。生态系统层面共生能量将远大于个体层面共生能量。由于创新生态系统属于开放系统,不断与外界环境进行物质、能量和信息交换,因此,并不违背能量守恒定律。

本书在文献[70]的基础之上进行拓展,考虑组分效应、规模效应、结构效应、环境效应等四种作用机理,研究四种作用机理之间的关联关系及对生态系统层面共生能量涌现的影响,如图 7-4 所示。

四种效应分别指组分、规模、结构和环境对智能产品的创新生态系统涌现现象的影响效果。其中,环境效应和组分效应间接影响共生能量涌现的产生,规模效应和结构效应直接影响共生能量的产生。在协同共生网络中,组分效应由共生单元决定。结构效应由共生单元及共生关系决定。环境效应由内、外部环境决定,环境影响共生单元及共生关系。规模效应分为两类,包括数量规模

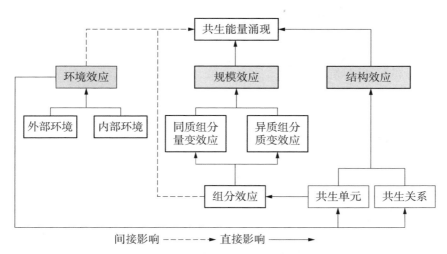

图 7-4　共生能量涌现产生的四种作用机理

效应和质量规模效应。数量规模效应由同质组分量变决定,质量规模效应由异质组分质变决定。

以下从数学模型角度,量化表达四种效应对共生能量涌现的作用机理。

1) 组分效应

协同共生网络中,共生单元的综合创新能力各不一样,对产生共生能量具有不同的作用,组分不同产生的涌现效果不一样。设 G^1 网络中,在 t 时刻,有 n 种综合创新能力 $(I_1, I_2, \cdots, I_n)$,权重向量为 $\varphi^t = (\varphi_1, \varphi_2, \cdots, \varphi_n)$。权重越大,说明组分效应越大。

$$\varphi_k = \frac{I_k^t}{\sum\limits_{k=1}^{n} I_k^t} \tag{7-1}$$

2) 规模效应

规模效应与组分规模有关,包括同质组分量变效应和异质组分质变效应。

同质共生单元组合在一起,发生量变。设创新物种 S_k 有 p 个共生单元具有相同的综合创新能力 I_k,按加和原则,在 t 时刻,创新物种 S_k 能产生的共生能量为

$$E_k^t = \sum\limits_{j=1}^{p} f(I_{k,j}^t) \tag{7-2}$$

异质共生单元组合在一起，达到一定阈值后发生质变。设创新群落具有 q 个创新物种，权重为 $\varphi_k (k = 1, 2, \cdots, q)$，运用几何加权法，在 t 时刻，创新生态系统能量涌现模型为

$$E^t = \prod_{k=1}^{q} (E_k^t)^{\varphi_k} = \prod_{k=1}^{q} \Big[\sum_{j=1}^{p} f(I_{k,j}^t) \Big]^{\varphi_k} \tag{7-3}$$

3）结构效应

就生态系统整体而言，其整体涌现性由共生单元相互作用而形成。类似于化学中的同分异构体现象，相同组分和规模下，因结构不同产生的涌现效果也不一样。结构越有序，产生的结构效应越大。用第 6 章的结构熵反映结构效应对共生能量的影响。

结构熵对共生单元创新能力的结构效应影响为

$$\frac{\mathrm{d}I_k^t}{\mathrm{d}t} = - \sum_{i=1}^{N} \Big(\frac{n_i}{\sum_{i=1}^{N} n_i} \ln \frac{n_i}{\sum_{i=1}^{N} n_i} \Big) \tag{7-4}$$

4）环境效应

设 t 时刻，创新生态系统内部环境因素对共生单元的影响因子为 ε_I^t，外部环境因素对共生单元的影响因子为 ε_O^t。环境效应的综合影响因子为

$$\varepsilon^t = \alpha \cdot \varepsilon_I^t + (1 - \alpha) \cdot \varepsilon_O^t \tag{7-5}$$

其中，$\alpha \in (0, 1)$。

环境对共生单元创新能力的影响表示为

$$\frac{\mathrm{d}I_k^t}{\mathrm{d}t} = 1 + \varepsilon^t \tag{7-6}$$

综合四种效应，涌现的共生能量表达式为

$$\begin{cases} E^t = \prod\limits_{k=1}^{q} (E_k^t)^{\varphi_k} = \prod\limits_{k=1}^{q} \Big(\sum\limits_{j=1}^{p} f(I_{k,j}^t) \Big)^{\varphi_k} \\ I_{k,j}^t = \int \Big\{ \theta_1 [1 + \alpha \cdot \varepsilon_I^t + (1 - \alpha) \cdot \varepsilon_O^t] + \theta_2 \Big[- \sum\limits_{i=1}^{N} \Big(\frac{n_i}{\sum\limits_{i=1}^{N} n_i} \ln \frac{n_i}{\sum\limits_{i=1}^{N} n_i} \Big) \Big] \Big\} \mathrm{d}t \end{cases} \tag{7-7}$$

其中，θ_1、θ_2 分别表示环境效应影响权重和结构效应影响权重，满足 $\theta_1 + \theta_2 = 1$。

7.2　创新绩效评价

如图 7-5 所示,涌现分为正向涌现和负向涌现,正向涌现表现为整体大于部分之后,即创新共赢;负向涌现表现为整体小于部分之和,即价值共毁。负向涌现的结果表现为价值丢失和价值毁灭。为避免负向涌现,需要对智能产品的创新生态系统运行过程和结果进行绩效评价。一方面,运用第 6 章中改进的熵变模型判断进化及涌现方向。若发现存在负向涌现趋势,及时进行调整。另一方面,及时了解创新生态系统运行状态,评估其健康度,为生态系统治理提供决策依据,如资源配置、价值冲突解决、共生关系管理、价值分配规则等,识别价值创造的机会点,把价值共毁转化为创新共赢机会点。

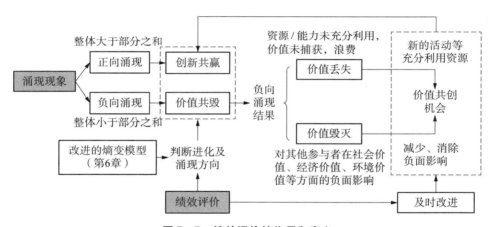

图 7-5　绩效评价的作用和意义

创新绩效一般指开发的新产品、新服务或新模式,本书研究的智能产品创新生态系统创新绩效主要指智能产品创新生态系统全生命周期过程中,产生的结果和各种效益,包括结果绩效和过程绩效。结果绩效指创新产出,如新产品销售收入、服务销售收入、成本、市场占有率等。过程绩效指智能产品创新生态系统运行过程的阶段性输出结果和运行状态,一般用健康度来衡量。从价值视角来看,结果绩效并不是过程绩效的简单相加,还包括过程之间相互作用产生的涌现价值。为了实现最终创新效果和产出,需要对过程进行管理。

本书从结果评价和过程评价两个维度,构建了智能产品的创新生态系统绩

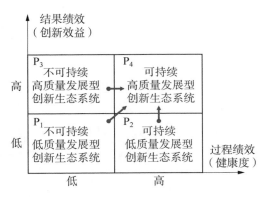

图7-6 智能产品的创新生态系统绩效评价矩阵

效评价二维矩阵。如图7-6所示,根据过程绩效水平和结果绩效水平的高低,绩效评价结果可以分为四种类型:不可持续低质量发展型创新生态系统P_1、可持续低质量发展型创新生态系统P_2、不可持续高质量发展型创新生态系统P_3、可持续高质量发展型创新生态系统P_4。其中,P_4是理想型创新生态系统。对于P_1、P_2、P_3,需根据实际评价结果,以P_4为发展目标,针对性地提出改进和提升策略。

7.2.1 绩效评价指标体系

本章在知识创新体系创新绩效评价指标和协同创新项目绩效评价指标的基础上,结合智能产品的创新生态系统特征,综合考虑过程绩效和结果绩效,形成了智能产品的创新生态系统创新绩效综合评价指标体系。依据生态系统理论,过程绩效指标选取集聚力、生命力、共生力为一级指标,见表7-1。

表7-1 智能产品的创新生态系统过程绩效评价指标

一级指标	二级指标	指标含义
集聚力C_1	创新资源汇聚能力C_{11}	创新资源的规模、多样性、互补性
	创新主体汇聚能力C_{12}	创新主体的规模、多样性、互补性
	创新生态形成能力C_{13}	快速组建生态的能力
生命力C_2	创新平台活跃度C_{21}	平台赋能程度
	创新资源共享度C_{22}	资源共享程度和效率、资源获取成本、资源利用率、资源共享服务
	共生基质交换度C_{23}	物质交换、能量流通、信息传递的效率
	自我更新程度C_{24}	要素、结构、功能的更新程度。创新主体的引进和淘汰率,技术的升级换代
	生存能力C_{25}	创新主体存活率
	抵抗力和恢复力C_{26}	受到干扰或破坏后治愈能力

(续表)

一级指标	二级指标	指标含义
共生力 C_3	协同创新程度 C_{31}	战略协同、组织协同、资源协同、价值协同、业务协同
	共生关联程度 C_{32}	技术关联程度、知识关联程度、资源关联程度、资本关联程度
	共生互信程度 C_{33}	创新主体之间的相互信任程度
	再生力 C_{34}	创新生态系统进化能力
	创新生态开放度 C_{35}	创新生态系统对外部主体的开放程度

结果绩效指标选取创新成果、经济效益、社会效益为一级指标，见表 7-2。

表 7-2　智能产品的创新生态系统结果绩效评价指标

一级指标	二级指标	指标含义
创新成果 D_1	新增知识产权 D_{11}	专利授权数量
	新增技术标准规范 D_{12}	国际标准、国家标准、行业标准数量
经济效益 D_2	市场占有率 D_{21}	智能产品智能服务的市场销售份额
	投资收益率 D_{22}	资本回报比例
	净利润增长率 D_{23}	净利润占销售净额的比例
	创新成本下降率 D_{24}	资源获取成本、劳动力成本、资本成本、交易成本、时间成本等成本下降比例
社会效益 D_3	用户满意度 D_{31}	用户情境价值实现程度
	合作伙伴满意度 D_{32}	实际分配的价值与期望的价值之间的比值
	核心企业员工满意度 D_{33}	员工价值实现程度
	社会满意度 D_{34}	智能产品创新生态系统的辐射作用大小

7.2.2　基于 IVPF-DANP 的创新绩效群决策评价方法

常用的绩效评价方法，如灰色关联法、层次分析法、模糊综合评价法、数据包络法 DEA 等，为智能产品的创新生态系统创新绩效评价提供了借鉴和参考。但在处理创新绩效评价多属性群决策问题时，现实中存在隶属度与非隶属度之和超过 1 的情况，区间直觉模糊集（interval-valued intuitionistic fuzzy set,

IVIFS)存在隶属度与非隶属度之和为 1 的局限性,区间毕达哥拉斯模糊集 (interval-valued pythagorean fuzzy set, IVPFS)克服了这一缺陷,与实际情况 更为吻合。它能有效表征不确定信息,是解决模糊决策问题的有效工具,可用 于本书捕获创新生态系统创新绩效评价中的不确定信息。

同时,创新绩效评价指标之间存在复杂关联关系。决策试验与评估实验室 分析法(decision making trial and evaluation laboratory, DEMATEL)是一种 指标间内在关联度分析与关键指标识别的有效方法,但该方法认为各指标权重 相同,而 ANP 法可用于计算指标权重,集成的 DEMATEL - ANP 方法可用于 获得指标混合权重,得到更加客观的评价结果。

因此,本书提出了一种适用于智能产品创新生态系统的创新绩效评价的基于 区间毕达哥拉斯模糊数的 DEMATEL - ANP 方法(IVPF - DANP),将集成的 DEMATEL - ANP 方法拓展到区间毕达哥拉斯模糊环境,方法流程如图 7 - 7 所示。

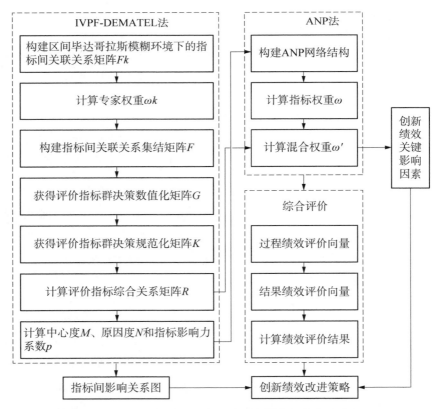

图 7 - 7 基于 IVPF - DANP 的模糊综合评价方法流程

　　首先,由区间毕达哥拉斯模糊环境下的 IVPF‑DEMATEL 方法分析创新绩效评价指标之间的影响强度及因果关系,其次,由 ANP 法基于因果关系构建指标网络结构图,并计算各评价指标的权重。再次,通过 IVPF‑DANP 法计算指标的混合权重并排序,找到创新绩效关键影响因素。最后,用模糊评价对过程绩效和结果绩效进行打分,依据二维矩阵判断智能产品创新生态系统的创新绩效类型,提出相应改进策略。

7.2.2.1　基于 IVPF‑DEMATEL 的创新绩效评价指标间关联关系

　　设 X 表示论域,区间毕达哥拉斯模糊集为 $A = \langle \langle x, [\mu_A(x)^L, \mu_A(x)^U],$ $[\eta_A(x)^L, \eta_A(x)^U] \rangle \mid x \in X \rangle$。$[\mu_A(x)^L, \mu_A(x)^U] \subseteq [0, 1]$ 为区间隶属度,表示元素 x 属于 A 的支持程度。$[\eta_A(x)^L, \eta_A(x)^U] \subseteq [0, 1]$ 为区间非隶属度,表示元素 x 属于 A 的反对程度,满足 $0 \leqslant (\mu_A(x)^U)^2 + (\eta_A(x)^U)^2 \leqslant 1$。$\pi_A(x) = [\pi_A(x)^L, \pi_A(x)^U]$ 为区间犹豫度,表示对 x 属于 A 的犹豫程度,$\pi_A(x)^L = \sqrt{1 - (\mu_A(x)^U)^2 - (\eta_A(x)^U)^2}$,$\pi_A(x)^U = \sqrt{1 - (\mu_A(x)^L)^2 - (\eta_A(x)^L)^2}$。为了计算方便,定义区间毕达哥拉斯模糊数为 $p_i = \langle [\mu_i^L, \mu_i^U], [\eta_i^L, \eta_i^U] \rangle$。

　　两个区间值形式毕达哥拉斯模糊数 p_i 与 p_j 之间的距离为

$$d(p_i, p_j) = \frac{1}{4} \begin{bmatrix} |(\mu_i^L)^2 - (\mu_j^L)^2| + |(\eta_i^L)^2 - (\eta_j^L)^2| + |(\mu_i^U)^2 - (\mu_j^U)^2| \\ + |(\eta_i^U)^2 - (\eta_j^U)^2| + |(\mu_j^L)^2 + (\eta_j^L)^2 - (\mu_i^L)^2 - (\eta_i^L)^2| \\ + |(\mu_j^U)^2 + (\eta_j^U)^2 - (\mu_i^U)^2 - (\eta_i^U)^2| \end{bmatrix}$$

$$(7-8)$$

　　步骤 1:构建区间毕达哥拉斯模糊环境下的指标间关联关系矩阵。

　　请 K 个专家以区间毕达哥拉斯模糊数形式对指标之间的关联关系进行评价,专家集合为 $I = (I_1, I_2, \cdots, I_K)$。第 k 个专家给出的指标间关系评价矩阵为 $F^{(k)} = [f_{ij}^{(k)}]_{n \times n}$。

$$F_{n \times n}^{(k)} = \begin{bmatrix} 0 & f_{12}^{(k)} & \cdots & f_{1n}^{(k)} \\ f_{21}^{(k)} & 0 & \cdots & f_{2n}^{(k)} \\ \vdots & \vdots & \ddots & \vdots \\ f_{n1}^{(k)} & f_{n2}^{(k)} & \cdots & 0 \end{bmatrix}$$

$$(7-9)$$

其中,评价信息 $f_{ij}^{(k)} = \langle [\mu_{ij}^{L(k)}, \mu_{ij}^{U(k)}], [\eta_{ij}^{L(k)}, \eta_{ij}^{U(k)}] \rangle$。区间毕达哥拉斯模糊

数与语义的对应关系见表 7-3。

表 7-3 区间毕达哥拉斯模糊数形式的语义变量

语 义	区间毕达哥拉斯模糊数
无影响(NI)	$([0.025, 0.075], [0.875, 0.925])$
弱影响(WI)	$([0.175, 0.325], [0.525, 0.675])$
中等影响(MI)	$([0.45, 0.55], [0.40, 0.55])$
强影响(SI)	$([0.725, 0.775], [0.175, 0.225])$
非常强影响(VI)	$([0.875, 0.925], [0.025, 0.075])$

步骤 2:计算专家权重。

依据第 3 章式(3-2)得到专家 I_k 的信任函数为

$$T_k(\pi) = \frac{-1}{\left[\sum_{i=1}^{n}\sum_{j=1}^{n}\pi_{ij}^{(k)}\right]\ln\left[\sum_{i=1}^{n}\sum_{j=1}^{n}\pi_{ij}^{(k)}\right]} \tag{7-10}$$

考虑专家评价过程中的人为偏见[27],引入乐观度系数 $\lambda_k \in [0,1]$,期望的隶属度和非隶属度分别为 $\mu_{ij}^{(k)}$,$\eta_{ij}^{(k)}$,具体公式如下:

$$\begin{cases} \pi_{ij}^{(k)} = \sqrt{1-(\mu_{ij}^{(k)})^2-(\eta_{ij}^{(k)})^2} \\ \mu_{ij}^{(k)} = (1-\lambda_k)\mu_{ij}^{L(k)} + \lambda_k\mu_{ij}^{U(k)} \\ \eta_{ij}^{(k)} = (1-\lambda_k)\eta_{ij}^{L(k)} + \lambda_k\eta_{ij}^{U(k)} \end{cases} \tag{7-11}$$

其中,$\lambda_k \in [0, 0.5)$ 表示悲观偏好评价,$\lambda_k \in (0.5, 1]$ 表示乐观偏好评价,$\lambda_k = 0.5$ 表示中性偏好评价。

专家权重为

$$\omega_k = \frac{T_k(\pi)}{\sum_{k=1}^{K}T_k(\pi)} \tag{7-12}$$

步骤 3:构建指标间关联关系群决策集结矩阵。

采用区间毕达哥拉斯模糊加权平均算子(IVPFWA)[28-29],得到专家群决策集结矩阵为 $F = [f_{ij}]_{n\times n}$。

$$f_{ij} = IVPFWA(f_{ij}^1, f_{ij}^2, \cdots, f_{ij}^K) = \omega_1 f_{ij}^1 \oplus \omega_2 f_{ij}^2 \oplus \cdots \oplus \omega_K f_{ij}^K$$

$$= \left\langle \begin{array}{c} \left[\sqrt{1 - \prod_{k=1}^{K} (1 - (\mu_{ij}^{L(k)})^2)^{\omega_k}}, \sqrt{1 - \prod_{k=1}^{K} (1 - (\mu_{ij}^{U(k)})^2)^{\omega_k}} \right], \\ \left[\prod_{k=1}^{K} (\eta_{ij}^{L(k)})^{\omega_k}, \prod_{k=1}^{K} (\eta_{ij}^{U(k)})^{\omega_k} \right] \end{array} \right\rangle$$

$$(7-13)$$

其中，$f_{ij} = \langle [\mu_{ij}^L, \mu_{ij}^U], [\eta_{ij}^L, \eta_{ij}^U] \rangle$。

步骤 4：群决策集结矩阵数值化处理。

区间毕达哥拉斯模糊数的负理想数为 $f_{ij}^- = \langle [0, 0], [1, 1] \rangle$，计算 f_{ij} 与负理想数 f_{ij}^- 之间的距离，得到数值化矩阵 $G = [g_{ij}]_{n \times n}$。

$$g_{ij} = d(f_{ij}, f_{ij}^-) = \frac{1}{4} \begin{bmatrix} |(\mu_{ij}^L)^2 - (0)^2| + |(\eta_{ij}^L)^2 - (1)^2| + |(\mu_{ij}^U)^2 - (0)^2| \\ + |(\eta_{ij}^U)^2 - (1)^2| + |(0)^2 + (1)^2 - (\mu_{ij}^L)^2 - (\eta_{ij}^L)^2| \\ + |(0)^2 + (1)^2 - (\mu_{ij}^U)^2 - (\eta_{ij}^U)^2| \end{bmatrix}$$

$$(7-14)$$

步骤 5：群决策集结矩阵规范化处理。

对矩阵 G 进行规范化处理，得到规范化矩阵 $K = [k_{ij}]_{n \times n}$。

$$k_{ij} = \min \left[\frac{1}{\max_{1 \leqslant i \leqslant n} \left(\sum_{i=1}^{n} |g_{ij}| \right)}, \frac{1}{\max_{1 \leqslant j \leqslant n} \left(\sum_{j=1}^{n} |g_{ij}| \right)} \right] \cdot g_{ij}$$

$$(7-15)$$

步骤 6：计算综合关联关系矩阵，得到综合关联关系矩阵 R。

$$R = \sum_{l=1}^{\infty} K^l = K(E - K)^{-1} = (r_{ij})_{n \times n} \qquad (7-16)$$

其中，E——单位矩阵。

步骤 7：计算指标中心度、原因度和影响力系数。

第 i 个指标的中心度和原因度分别为 M_i 和 N_i，中心度表示该指标在创新绩效中的作用。若原因度 N_i 大于 0，表示该指标对其他指标产生影响，若原因度 N_i 小于 0，表示该指标受其他指标影响。根据中心度和原因度，可绘制指标之间相互影响的因果关系图。

$$M_i = \sum_{j=1}^{n} r_{ij} + \sum_{i=1}^{n} r_{ij} \qquad (7-17)$$

$$N_i = \sum_{j=1}^{n} r_{ij} - \sum_{i=1}^{n} r_{ij} \qquad (7-18)$$

指标影响力系数 p_i 为

$$p_i = \frac{\sqrt{M_i^2 + N_i^2}}{\sum\limits_{i=1}^{n} \sqrt{M_i^2 + N_i^2}} \qquad (7-19)$$

7.2.2.2　基于 ANP 的评价指标权重计算

根据上一节中 IVPF‐DEMATEL 方法得到的因果关系，采用 Super Decisions 软件建立 ANP 网络结构。如图 7‐8 所示，箭头指向的指标表示被影响因素。指标之间两两比较重要度，经过一致性检验后，基于 Super Decisions 软件生成未加权超矩阵、加权超矩阵、极限超矩阵，由极限矩阵的列

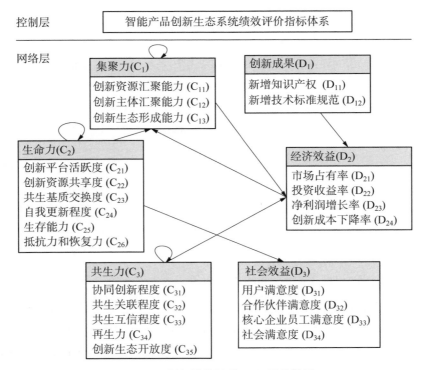

图 7‐8　创新绩效评价 ANP 网络模型

向量得到指标权重 ω。

把 IVPF-DEMATEL 法得到的指标之间关联关系和 ANP 法[30-31]得到的指标权重结合,计算混合权重 ω'。

$$\omega' = (I + R) \cdot \omega \qquad (7-20)$$

根据混合权重 ω' 大小进行排序,可识别出影响力系数和权重均较高的指标,为提升创新绩效提供依据和指导。

7.2.2.3 基于 IVPF-DANP 的综合评价

请创新生态系统领域内 K 名专家对智能产品创新生态系统 t 时刻的过程绩效和结果绩效进行评价。对于过程绩效(即健康度)采用 7 粒度语义评价,对于结果绩效评价,结合量化指标和模糊评价综合确定。

健康度的语义评价指标划分为:严重病态、病态、微弱病态、临界、亚健康、健康、很健康。评语集为 $S = [VS, S, MS, M, MH, H, VH]$,其与区间毕达哥拉斯模糊数的对应关系见表 7-4。

表 7-4　区间毕达哥拉斯模糊数形式的健康度语义变量

序号	语义	区间毕达哥拉斯模糊数
1	严重病态(VS)	$\langle [0.00, 0.20], [0.80, 0.95] \rangle$
2	病态(S)	$\langle [0.20, 0.30], [0.70, 0.80] \rangle$
3	微弱病态(MS)	$\langle [0.30, 0.45], [0.55, 0.70] \rangle$
4	临界(M)	$\langle [0.45, 0.55], [0.40, 0.55] \rangle$
5	亚健康(MH)	$\langle [0.55, 0.70], [0.25, 0.40] \rangle$
6	健康(H)	$\langle [0.70, 0.80], [0.15, 0.25] \rangle$
7	很健康(VH)	$\langle [0.80, 0.95], [0.00, 0.15] \rangle$

设第 k 个专家的过程绩效评价向量为 $\alpha_k = (a_1^k, a_2^k, \cdots, a_{n_1}^k)$,其中 n_1 表示过程绩效指标数量。过程绩效指标的权重向量为 $\omega^1 = (\omega_1^1, \omega_2^1, \cdots, \omega_{n_1}^1)^T$,则过程绩效评价结果为向量 $\beta^1 = \alpha \cdot \omega^1$。其中,$\alpha$ 表示专家的综合评价向量,根据式(7-10)～式(7-14)获得。

同理,设第 k 个专家的结果绩效评价向量为 $\gamma_k = (c_1^k, c_2^k, \cdots, c_{n_2}^k)$,其中 n_2 表示结果绩效指标数量。结果绩效指标的权重向量为 $\omega^2 = (\omega_1^2, \omega_2^2, \cdots,$

$\omega_{n_2}^2)^T$。则结果绩效评价向量为 $\beta^2 = \gamma \cdot \omega^2$。其中，$\gamma$ 表示专家的综合评价向量，根据式(7-10)~式(7-14)获得。

对照二维判断矩阵，将过程绩效结果与过程中位数 ψ 比较，结果绩效结果与结果中位数 χ 比较，判断创新生态系统的类型。

7.2.3 基于评价结果的改进策略

为了提高创新效率，完善智能产品创新生态系统的结构、功能，以可持续高质量型智能产品创新生态系统为发展目标，依据上一节的评价结果确定面向各个过程绩效指标的改进策略。

1）对集聚力的改进策略

根据集聚力评价指标，有以下改进策略供选择：

（1）资源汇聚方面，共建初期核心企业通过提供补贴方式，吸引异质创新资源；资源共享阶段，平台对资源提供方提供激励；价值共创阶段，选择优质共创主体；系统共生阶段，加强引进外部优势资源。

（2）主体汇聚方面，依据主体的能力和互补性选择关键主体，设计吸引力的相关方价值主张；为合作伙伴提供共性技术、方法、开发工具、模块等方面的支持，赋能合作伙伴；合理设计价值分配方案，引进优质主体，淘汰落后主体。

（3）生态形成方面，注重资源重组和配置，形成合力。加强生态组织能力建设，从生态学视角考虑创新主体之间的生态位，形成良性竞争合作关系，及时解决价值冲突。

2）对生命力的改进策略

根据生命力评价指标，有以下改进策略供选择：

（1）平台活跃度方面，完善平台功能模块，吸引多边用户，发挥平台的同边网络效应和跨边网络效应，即让用户吸引用户，用户吸引开发者。平台为用户提供更多免费基础工具和交流沟通渠道，方便用户与开发者、用户与用户之间的交互。

（2）资源共享度方面，解决资源的隐私保护和信任问题，形成有效的资源供给；对资源需求进行标准化规范化表达，提高资源搜索和资源配置效率，减少资源交易成本，平台提供资源共享相关服务。

（3）共生基质交换方面，加强创新资源数字化建设，形成知识网络、资源网络、能源网络，加快物质交换、能量流通和信息传递。

（4）自我更新程度方面，加强技术升级，包括产品开发技术、智能交互技术、信息技术等；对生态系统的要素、结构和功能及时进行调整，适应外部环境的变化。

（5）生存能力方面，为创新主体提供必要支持，包括市场支持、技术支持、资金支持等。

（6）抵抗力和恢复力方面，优化生态系统结构和功能。

3）对共生力的改进策略

根据共生力评价指标，有以下改进策略供选择：

（1）协同创新程度方面，共创主体的选择过程，在冲突最小化的同时实现协同效应最大化。

（2）共生关联程度方面，加强创新生态中不同主体之间的技术交流、业务交流，识别价值共创机会。

（3）共生互信程度方面，设计信任机制和惩罚机制，基于个体信用评分等级选择共创主体，对资源共享、价值共创、系统共生环节中的失信行为进行惩罚。

（4）再生力方面，根据熵变理论，引导自组织进化机制，采用他组织机制形成众多涨落，激发系统形成巨涨落，提高系统持续进化能力。

（5）创新生态开放度方面，根据资源和环境约束，针对生态系统的不同阶段设计合理的开放度。

第8章　示例验证：智能座舱的创新生态系统

本章将围绕智能座舱这一具有代表性的案例，深入探讨智能产品创新生态系统的构建和运行。通过理论框架、方法和实例的结合，为相关企业在智能产品创新中提供有力的支持，尤其适用于智能硬件、智能家居、智能服务机器人、智能汽车等领域的创新实践。智能座舱的案例将引导我们思考工业企业转型的需求，以及如何在这个转型过程中构建具有全面创新特征的生态系统。本章将详细研究如何解决智能产品创新过程中的关键问题，如知识产权保护、共创价值的合理分配、生态系统主体之间的共生关系维系等。通过对这些问题的深入探讨，建立起智能产品创新生态系统构建的理论框架。在探讨智能座舱创新生态系统的过程中，本章将提供一系列方法和工具，以帮助科技创新型企业构建和运营智能产品创新生态系统。从资源共享到价值共创，从系统共生到创新共赢，本章将逐一探讨这些关键概念，并将其与智能座舱案例相结合，为读者提供实际操作指南。

8.1　智能座舱的创新生态系统

F公司是国内领先的智能汽车整车企业，深耕智能网联汽车及其座舱系统研发领域。近年来，该公司加速自我变革和战略转型，把用户体验放在首位，通过与众多互联网企业、高校、科技公司、研究中心进行跨界合作，建立了开放式的创新生态系统，形成一整套智能座舱研发创新能力，旨在成为智能汽车与智能座舱领域的全球科技型公司。本章以F公司为核心企业的智能座舱的创新生态系统为例，对提出的智能产品的创新生态系统定义、要素和特征开展示例验证。

8.1.1　由来及定义

1）汽车智能化发展带来的变化

随着汽车智能化、网联化快速发展和自动驾驶技术的应用，汽车产业正迎来一场大变革，汽车正由交通工具转变为智能移动生活空间，传统汽车座舱正向智能座舱转变。智能座舱用户包括驾驶员和乘客，用户围绕自动驾驶、情感体验、智能出行的需求不断上升，从最终用户应用场景出发的智能座舱成为消费者购买和使用智能汽车的关键影响因素。汽车智能化发展为行业带来了以下五个方面的变化。

（1）变化一：座舱由"驾驶"单场景向"办公、社交、娱乐"多场景转变。得益于自动驾驶技术的发展，汽车从"功能化"传统交通工具转变为集服务工具和生活空间为一体的"智能化"移动空间，用户追求驾驶过程的体验和场景化交互。

（2）变化二：整车厂由汽车制造商转向汽车服务及运营商。整车厂角色包括整车运营商、用户运营商、数据运营商等。

（3）变化三：合作关系改变。整车厂与上游零部件由供应关系转向合作共赢的共生关系。

（4）变化四：数据驱动商业价值。用户数据（social space）、汽车数据（physical space）、服务数据（cyber space）的数据融合正加速智能汽车的数智化、智联化。

（5）变化五：汽车行业从封闭走向开放式创新生态系统。跨产业、多主体、社会化协同创新涌现，呈现出传统车企与互联网企业、社会化伙伴共创共赢的特征。

2）智能座舱行业发展现状及趋势

具备智能化网联化和交互特征的智能座舱成为新赛道，大量企业纷纷进入智能座舱创新领域，如整车厂、传统一级供应商、互联网企业、造车初创企业根据自身的优势（操作系统、智能座舱、车载软件）既竞争又合作，形成多技术融合创新应用、多主体协同创新的创新生态。主导型平台企业主要包括以下四类：

（1）类型一：互联网企业从软件开发转向智能座舱赛道，希望通过"换道超车"模式，越过传统车企的行业壁垒，专注于打造极致体验的智能网联汽车产品。这类企业的典型代表有特斯拉、威马、蔚来、合众、小鹏等"造车新势力"。

（2）类型二：传统车企基于整车制造优势，在软件开发、智能座舱、智能网联汽车产品开发方面发力,希望在智能网联时代重塑行业地位。这类企业的典型代表有大众、通用、上汽、广汽、比亚迪、长安汽车等。

(3)类型三:通信网络及整体解决方案提供商基于自身在5G和V2X方面的技术优势,与众多整车厂合作,布局智能座舱和智能网联汽车产品。这类企业的典型代表有华为。

(4)类型四:汽车座舱及硬件提供商基于自身方面的技术优势和对用户体验的深度了解,搭建智能座舱平台。这类企业的典型代表是佛吉亚。

3)从智能汽车"云-管-端"架构视角看智能座舱

如图8-1所示,区别于传统汽车,智能汽车包括五大模块,分别是智能云、智能网、智能驾驶、智能控制和智能座舱。从智能汽车"云-管-端"架构视角来看,智能座舱属于智能汽车的终端,距离用户最近,为用户带来多场景的人-车-生活体验。

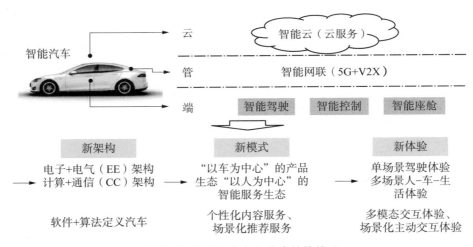

图8-1 智能汽车与智能座舱的关系

4)智能座舱的创新生态系统定义

智能座舱的创新生态系统(smart cockpit innovation ecosystem, SCIE),是指以智能网联汽车的智能座舱创新为对象,以开发具备情境感知、协同控制和执行、智能决策等功能的智能座舱产品,面向最终用户提供智能化服务、个性化服务和情感化场景体验为目的,由核心企业主导建立的集聚整车企业、智能零部件公司、车联网公司、开发者、用户等多个创新主体进行协同创新、合作共赢的创新生态系统。

8.1.2　要素及特征

如图 8-2 所示，智能座舱的创新生态系统构成要素包括智能座舱、创新主体、创新链、创新网络、创新平台等。

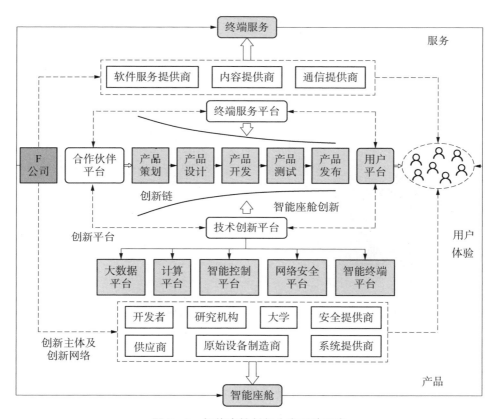

图 8-2　智能座舱创新生态系统要素

F 公司作为核心企业与众多创新主体连接成创新网络，基于创新平台进行智能座舱创新，为用户提供产品、服务及体验。一方面，F 公司与开发者、科研院所、高校、安全提供商、零部件供应商、设备提供商、系统提供商等创新主体围绕智能座舱开发进行产品创新，为用户提供智能产品；另一方面，F 公司与软件服务提供商、内容提供商、通信提供商等创新主体围绕终端服务设计进行服务创新，为用户提供智能产品相关服务。通过智能产品与服务为用户带来场景化体验。

1）智能座舱

如图 8-3 所示,广义智能座舱的结构包括产品服务(含软件和硬件)、服务部分和体验部分。硬件部分包括智能中控屏、液晶仪表盘、抬头显示系统、座椅、芯片、其他智能零部件等。软件部分包括操作系统、通信模块、软件和算法。服务部分包括内容服务、娱乐服务、导航服务、出行服务等。体验部分包括场景化人机交互。

（a）智能座舱实物

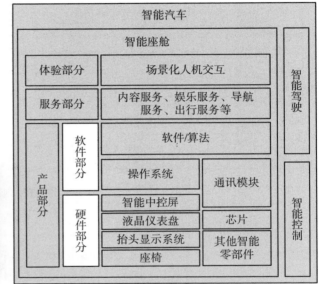
（b）智能座舱结构

图 8-3　智能座舱实物及其结构

2）创新主体

智能座舱创新生态系统的创新主体见表 8-1。

表 8-1　智能座舱创新生态系统创新主体

创新主体	内　　容
创新个体	智能座舱方案集成商、智能座椅等智能硬件提供商、汽车操作系统等软件提供商、车载信息娱乐系统等车应用提供商、开发者、用户、高校等
创新种群	数字智能驾驶舱技术创新种群、基础研究创新种群、人脸识别应用研究创新种群、用户服务创新种群等
创新群落	产学研创新群落、用户体验创新群落、智能技术创新群落等

3）创新链

智能座舱的创新生态系统的创新链涉及智能座舱整体方案的策划、设计、开发、测试和发布。

4）创新网络

创新主体之间相互联系，形成不同类型的创新网络，如技术创新网络、服务创新网络、体验创新网络等。

5）创新平台

创新平台包括技术创新平台、合作伙伴平台、终端服务平台、用户平台等四大平台。其中，技术创新平台包括大数据平台、计算平台、智能控制平台、网络安全平台和智能终端平台，用于技术开发和创新。合作伙伴平台用于生态伙伴之间资源共享和优势互补，整合创新资源和创新能力。终端服务平台用于核心企业与服务商之间的协同服务创新。用户平台用于用户生态的培育及用户之间分享交流。四大平台之间相互留有接口，实现数据和信息互通。

智能座舱的创新生态系统具有复杂多样性、资源分散性、动态演化性、开发协同互利性等特征，具体特征见表 8-2。

表 8-2　智能座舱创新生态系统整体的特征

特　征	描　述
系统复杂多样性	智能座舱功能和结构复杂，涉及多个模块和多项技术，需要多个异质型创新主体协同创新。系统构成要素复杂、要素之间关系复杂
资源分散性	创新资源来源广泛，分布在不同创新主体、不同区域
动态演化性	智能座舱创新生态系统的要素、结构、功能处于动态变化之中，朝着理想平衡态的方向演进
开放协同互利性	创新主体之间基于共同的目标协同配合，互利共赢，既竞争又合作

8.2　智能座舱的创新生态系统生态共建

针对本书提出的智能产品创新生态系统生态共建理论与方法，以智能座舱创新生态系统案例验证其可行性与先进性。围绕智能座舱创新生态系统的形成与价值主张设计、核心生态伙伴选择、系统结构模型与创新生态规划三个方面展开。

8.2.1 智能座舱的创新生态系统形成与价值主张

8.2.1.1 智能座舱创新生态系统的形成

如图 8-4 所示,智能座舱创新生态系统的形成经历了三步:

第一步:F 公司内部组建智能座舱创新团队成立智能座舱生态研究院,动力因素包括政府智能汽车产业政策、汽车行业开放生态发展趋势、用户体验需求、创新发展驱动力等。

第二步:设计生态系统价值主张吸引生态伙伴加入,形成汽车智慧生态。成员包括高校、智能硬件提供商、内容提供商、服务提供商、开发者、安全提供商、通信解决方案提供商、芯片提供商、资本、政府等。

第三步:筛选关键合作伙伴,共建智能座舱创新平台。关键合作伙伴包括

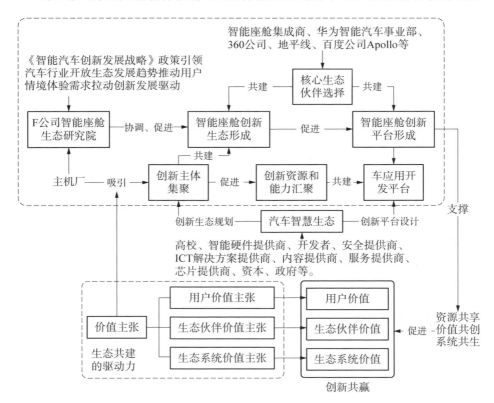

图 8-4 基于生态共建的智能座舱创新生态系统形成过程

智能座舱集成商、通信解决方案提供商、安全提供商、智能驾驶互联网企业等。

8.2.1.2　基于场景理论的用户需求解析

1) 智能座舱用户情境分析

根据本书提出的情境要素模型,智能座舱用户情境覆盖用户用车的全部场景,包括驾驶场景 CG1、休闲娱乐场景 CG2、移动办公场景 CG3、休息场景 CG4等。其具体情境见表 8-3。

表 8-3　智能座舱用户情境

具体情境	描　述
环境情境	用户所处的时间、空间、环境等方面的情境,从时间维度划分为用车前 CT1、用车时 CT2、用车后 CT3;从空间维度划分为驾驶座 CL1、副驾驶座 CL2、后排座位 CL3;从环境维度划分为车内环境 CE1、车内空气质量 CE2、车内温度 CE3、车内灯光 CE4、车内音乐 CE5、车内座椅 CE6、车内气味 CE7、车外环境 CE8 等
社会情境	多模态人机交互情境,包括手势交互 CS1、语音交互 CS2、视觉交互 CS3、触觉交互 CS4、虚拟现实交互 CS5、全息交互 CS6 等
用户情境	车内乘客的状态,包括驾驶员 CU1、副驾驶 CU2、后排左边乘客 CU3、后排右边乘客 CU4 等
产品情境	座舱内各种智能硬件的状态,包括座椅 CP1、智能中控屏幕 CP2、仪表盘 CP3、抬头显示系统 CP4、方向盘 CP5 等

2) 智能座舱用户需求分析

根据广义智能座舱的结构,用户对智能座舱的需求包括产品类需求、服务类需求、体验类需求,具体见表 8-4。

表 8-4　智能座舱用户需求

类别	子类	内　容
产品类需求	功能需求	智能座舱的人机交互(屏幕、语音、人脸)
	性能需求	汽车驾驶性能稳定
	健康需求	车内环境、内饰材料、车内空气质量、人员健康(测温等生理数据)、健康监测

(续表)

类别	子类	内　容
服务类需求	产品服务需求	用车过程的安全服务、地图导航、语音操控、车辆控制及设置、基础的出行规划服务、多媒体娱乐、维保服务、远程服务等
	内容服务需求	数字化内容、新闻资讯、有声阅读
	定制服务需求	个性化的推荐服务、情感化的车载出行服务等
体验类需求	感官体验	用车过程的视觉、听觉、触觉、嗅觉感受,包括车内灯光、温度、音乐、味道、座椅等引起的感官感受
	交互体验	座舱内交互过程中产生的感官体验、思考体验、创新体验、行为体验、关联体验
	情感体验	对于智能汽车品牌的身份认同感

3）智能座舱用户价值

四种用户价值见表 8-5。

表 8-5　智能座舱的四种用户价值

用户价值	内　容	逻辑
交换价值	用户购买智能汽车,获得车辆功能带来的价值	产品主导逻辑
使用价值	用户通过车载 App 订阅互联网内容,获得服务带来的价值	服务主导逻辑
体验价值	用户在单一场景下与中控台交互,获得体验带来的价值	体验主导逻辑
情境价值	用户在连续多场景下与座舱内多个智能终端交互,获得智能化个性化情感化多场景体验带来的价值,如驾驶场景中后排乘客的移动办公场景和休闲娱乐场景等多场景融合	生态系统逻辑

8.2.1.3　基于用户价值解析的价值主张设计

1）智能座舱用户价值主张

根据用户需求,设计智能座舱用户价值主张,见表 8-6。

表 8-6　智能座舱用户价值主张类型

用户价值主张类型	举　例	逻辑
面向交换价值 UVP^E	为用户提供性能可靠的座舱产品	产品主导逻辑
面向使用价值 UVP^U	为用户提供座舱产品服务及衍生服务	服务主导逻辑

（续表）

用户价值主张类型	举　例	逻辑
面向体验价值 UVP^X	为用户提供良好的驾驶体验	体验主导逻辑
面向情境价值 UVP^C	为用户提供用车全生命周期过程的主动交互体验，如根据用户语音及面部表情调节座舱内座椅角度、车内温度、推荐音乐、灯光效果等，为用户主动创造舒适的用车情境	生态系统逻辑

2）智能座舱相关方价值主张

基于用户的情境价值需求，分析智能座舱创新生态系统的资源及能力要素要求，F 公司对比自身创新能力及创新资源与所需创新能力创新资源之间的差距，基于价值网络分析法确定备选相关利益方。如图 8-5 所示，智能座舱的最终用户包括驾驶员和乘客。相关利益方包括整车厂、最终用户、服务提供商、开发者、互联网企业、高校、通信提供商、芯片提供商、零部件提供商及智能座舱集成商。

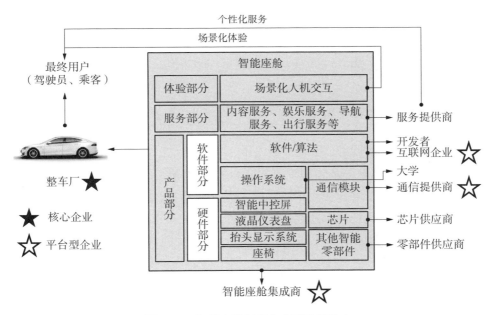

图 8-5　智能座舱创新生态系统相关方

智能座舱相关方的价值主张见表 8-7。

表 8-7 智能座舱相关方的价值主张

相关方	相关方价值主张举例
座舱设计商	获得创新收益，获得部分产品设计数据、运行数据的权限
座舱智能零部件供应商	获得零部件产品收益，获得部分产品数据、运行数据的权限
座舱制造商	获得座舱产品代工回报，获得部分产品数据的权限
售后服务提供商	获得售后服务收益分成，获得部分产品使用数据的权限
用户支持服务提供商	获得客户服务收益分成，获得部分运行数据的权限
开发者	获得车载应用收益分成，获得开发工具支持、开发技术支持
配套服务提供商	获得配套服务收益分成，获得部分产品运行数据的权限
外包合作伙伴	获得外包任务收益分成
信息服务提供商	获得信息服务收益分成，获得部分产品使用数据的权限
安全服务提供商	获得安全服务收益分成，获得部分产品使用数据的权限
高校	获得基础研究、技术开发等方面的项目合作收益，知识产权共享
科研院所	获得技术创新方面合作回报，知识产权共享
科技企业	获得技术应用方面合作回报，共享市场信息
金融机构	获得投资收益回报
政府	获得投资收益回报，获得部分使用数据的权限

3）智能座舱创新生态系统价值主张

智能座舱创新生态系统的价值主张设计见表 8-8，围绕用户用车全生命周期，基于用户场景下智能汽车产品功能及相关服务的充分融合，以人机交互方式，为用户提供全场景智能化、情感化、个性化的用车体验，持续为用户创造价值。

表 8-8 智能座舱创新生态系统价值主张

面向的对象	智能座舱创新生态系统价值主张内容
对用户的价值主张	提供智能座舱内智能移动空间的产品、服务和交互体验组合，获得价值共创的参与感和荣誉感，获得超出智能座舱本身带来的价值

(续表)

面向的对象		智能座舱创新生态系统价值主张内容
对相关利益方的价值主张	对技术和工程创新合作伙伴	对生态伙伴赋能,提供智能座舱内智能硬件、软件、服务和体验创新相关的技术支持
	对基础研究合作伙伴	提供应用场景和现实应用需求
对核心企业自身的价值主张		在智能汽车领域获得持续竞争力
对生态系统本身的价值主张		智能座舱创新生态系统结构稳定、功能完善,持续为用户创造价值,为各相关方创造价值

8.2.2　智能座舱创新生态系统核心生态伙伴选择

共分为七个步骤选择智能座舱创新生态系统的核心生态伙伴。

步骤1:根据潜在合作伙伴与F公司在战略、组织、资源、业务、价值观等方面的协同与匹配性,确定备选核心生态伙伴集合为$P = \{P_1, P_2, \cdots P_6\}$,包括智能座舱集成商、操作系统、通信设备提供商、安全提供商、抬头显示系统提供商、车载服务应用提供商等6个备选核心伙伴,评价准则为表3-6中的核心生态伙伴选择指标。

步骤2:请4位专家$E = \{E_1, E_2, E_3, E_4\}$进行评分,包括1位汽车行业内专家、1位创新生态系统领域专家、2位智能产品创新领域专家。根据式(3-2)~式(3-5),计算得到专家综合权重向量为$w = [0.2623, 0.2793, 0.2413, 0.2171]$。

步骤3:模糊矩阵规范化后,得到群决策直觉模糊评价矩阵,结果见表8-9。

表8-9　群决策直觉模糊评价矩阵

矩阵	C_{11}	C_{12}	⋯	C_{45}
P_1	(0.79, 0.18, 0.03)	(0.69, 0.22, 0.09)	⋯	(0.31, 0.61, 0.08)
P_2	(0.83, 0.15, 0.02)	(0.59, 0.34, 0.07)	⋯	(0.76, 0.20, 0.04)
P_3	(0.77, 0.20, 0.03)	(0.72, 0.26, 0.03)	⋯	(0.44, 0.46, 0.10)
P_4	(0.81, 0.19, 0.00)	(0.25, 0.68, 0.07)	⋯	(0.57, 0.35, 0.08)
P_5	(0.55, 0.37, 0.09)	(0.46, 0.45, 0.09)	⋯	(0.24, 0.70, 0.06)
P_6	(0.89, 0.11, 0.00)	(0.57, 0.35, 0.08)	⋯	(0.70, 0.23, 0.07)

步骤4：根据式(3-6)、(3-7)、(3-8)计算指标权重，得到20个二级指标的权重向量为 $w^2 = (0.109, 0.034, 0.032, 0.058, 0.056, 0.071, 0.027, 0.030, 0.043, 0.047, 0.056, 0.050, 0.041, 0.021, 0.070, 0.034, 0.096, 0.044, 0.036, 0.043)$。

步骤5：根据式(3-9)和式(3-10)计算正、负理想解，结果见表8-10、表8-11。

表8-10　正理想解

g_j^+	μ^+	η^+	π^+	g_j^+	μ^+	η^+	π^+
j=1	0.892	0.108	0.000	j=11	0.920	0.074	0.006
j=2	0.715	0.256	0.029	j=12	0.899	0.087	0.014
j=3	0.806	0.152	0.042	j=13	0.747	0.209	0.044
j=4	0.765	0.198	0.037	j=14	0.679	0.253	0.068
j=5	0.796	0.164	0.040	j=15	0.848	0.132	0.020
j=6	0.868	0.116	0.016	j=16	0.741	0.218	0.041
j=7	0.725	0.237	0.038	j=17	0.847	0.140	0.013
j=8	0.802	0.154	0.044	j=18	0.758	0.201	0.041
j=9	0.765	0.197	0.038	j=19	0.734	0.213	0.053
j=10	0.711	0.252	0.036	j=20	0.762	0.202	0.037

表8-11　负理想解

g_j^-	μ^-	η^-	π^-	g_j^+	μ^-	η^-	π^-
j=1	0.547	0.368	0.086	j=11	0.374	0.538	0.089
j=2	0.252	0.682	0.066	j=12	0.455	0.447	0.099
j=3	0.494	0.434	0.072	j=13	0.309	0.618	0.072
j=4	0.307	0.615	0.078	j=14	0.420	0.486	0.094
j=5	0.170	0.789	0.041	j=15	0.327	0.590	0.083
j=6	0.207	0.744	0.049	j=16	0.285	0.634	0.081
j=7	0.320	0.588	0.092	j=17	0.050	0.950	0.000
j=8	0.335	0.583	0.082	j=18	0.282	0.644	0.073
j=9	0.362	0.545	0.093	j=19	0.358	0.556	0.085
j=10	0.210	0.733	0.057	j=20	0.235	0.701	0.064

步骤 6:计算群决策效用值向量 S、个体遗憾值向量 R、折中值向量 Q。根据式(3-11)~式(3-14),计算结果分别为

$$S = (0.5356, 0.3739, 0.4325, 0.4914, 0.4226, 0.3535)$$

$$R = (0.0709, 0.0580, 0.0701, 0.0602, 0.1089, 0.0964)$$

折中系数 $\theta = 0.5$,

$$Q = (0.6266, 0.0561, 0.3354, 0.4003, 0.6897, 0.3775)$$

按 Q 值、S 值、R 值递增排序,计算结果排序见表 8-12。

表 8-12 核心生态伙伴排序

参数	以递增方式排序
Q	P2 < P3 < P6 < P4 < P1 < P5
S	P6 < P2 < P5 < P3 < P4 < P1
R	P2 < P4 < P3 < P1 < P6 < P5

步骤 7:根据排序结果确定核心生态伙伴。对照表 3-8 的规则,由于满足条件 1,$Q(P_3) - Q(P_2) = 0.2793 > \dfrac{1}{6-1} = 0.2$,不满足条件 2,得到妥协解方案:$P_3$、$P_2$,对应为操作系统、通信设备提供商。

8.2.3 智能座舱创新生态系统结构模型与创新生态

运用 SPIE-VSM 模型对智能座舱创新生态系统进行建模,情境价值驱动下的模型如图 8-6 所示。

生态系统价值主张(即 S5)以面向情境价值的用户价值主张驱动,即为用户提供智能、个性、情感化多场景用车体验。资源整合(即 S4)方面,根据当前环境和未来环境围绕用户用车全场景进行资源整合。当前环境包括智能产品时代、汽车行业电动化网联化智能化共享化趋势、自主创新体系建设、创新驱动发展战略、万众创新浪潮。当前环境下,需要整合的资源包括人力资源、知识资源、数据资源、资金资源、信息资源、能力资源、计算资源、理论方法、用户知识、服务资源、软件资源等。未来环境包括贸易保护主义风险、全球产业链调整、关键技术封锁风险、关键智能零部件断供风险、用户体验需求变化等。考虑到未

来环境,当前需要整合的资源包括芯片、操作系统、核心零部件、交互技术、智能技术等。F 公司运营智能座舱创新赋能平台(即 S3),协调共创主体的价值共创活动(即 S1)和共生关系(即 S3*)。

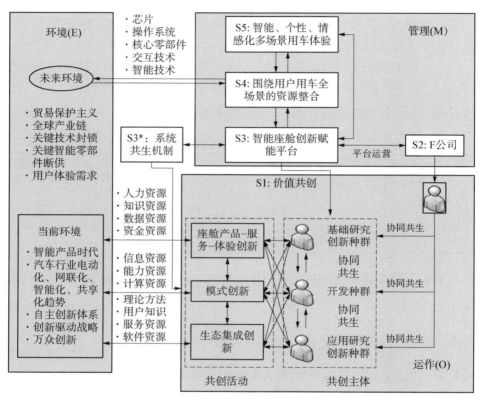

图 8‑6　基于 SPIE‑VSM 模型的智能座舱创新生态系统结构模型

以上要素形成的创新生态见表 8‑13。

表 8‑13　智能座舱创新生态系统的创新生态

创新生态	组　　成
用户生态	智能汽车发烧友、创新用户、领先用户、普通用户
技术生态	人机交互技术(手势识别、人脸识别)、边缘计算、云计算、融合计算、智能化计算平台、智能座舱平台、操作系统、汽车内饰创新技术、数据安全/信息融合方案、毫米波雷达技术解决方案、座舱域控制技术、传感器技术等

（续表）

创新生态	组　　成
智能座舱及服务生态	车应用、智能显示 HUD、汽车安全电子产品、虚拟化智能驾驶舱解决方案、信息娱乐系统、液晶显示面板、芯片、中控屏及中控车载信息终端、智能声光电技术产品、配件/配套技术产品等
合作伙伴生态	开发者社群、安全提供商、系统提供商、硬件提供商、内容提供商、通信提供商、软件提供商、服务提供商

8.3　智能座舱的创新生态系统资源共享

　　针对本书提出的智能产品创新生态系统资源共享理论与方法，本节以智能座舱的创新生态系统为例，围绕创新资源匹配方法与共享模式验证其可行性与先进性。

　　1）智能座舱创新资源共享方式

　　考虑到智能座舱创新的技术敏感性和创新资源的知识产权保护，智能座舱创新生态系统资源共享采取去中心化方式解决创新主体共享意愿问题、主体之间信任问题和知识产权保护问题，如图 8-7 所示。

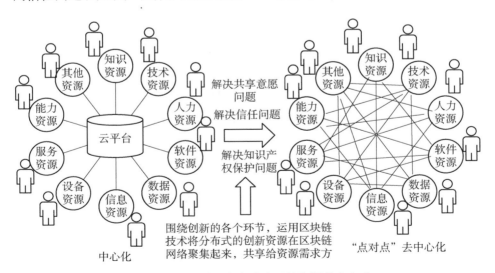

图 8-7　智能座舱创新生态系统资源共享方式

2）智能座舱创新资源供给

根据本书的创新资源分类，智能座舱创新资源见表 8-14。

表 8-14　智能座舱创新资源举例

创新资源分类		举　例
智力资源	知识资源	智能座舱交互设计知识、智能座舱控制器设计规范
	技术资源	终端数据融合计算技术、数字化座舱多屏交互技术
	人力资源	车载应用开发者、交互工程师
	软件资源	智能汽车操作系统、智能座舱测试软件
计算资源	数据资源	用户面部表情数据、智能座舱运行数据
	信息资源	用户反馈信息、用户抱怨、用户语音
	设备资源	数据存储设备、服务器
	共性服务资源	智能座舱运行数据存储、分析、监测服务
能力资源	设计开发能力	座舱智能功能设计能力
	试验验证能力	智能座舱交互灵敏度验证能力
	制造能力	智能座舱硬件制造能力
	检测能力	座舱空气检验能力、座舱性能检测能力
	维修能力	突发情况座舱恢复与应急能力
其他资源	社会关系资源	车友圈
	其他创新资源	不属于上述分类的其他资源
	资金资源	研发投入

3）资源需求

智能座舱的主要用户场景包括驾驶场景（CG_1）、休闲娱乐场景（CG_2）、移动办公场景（CG_3）、休息场景（CG_4）等。根据本书提出的 CFSTRA 超网络模型，把用户情境价值转化为创新任务，再根据具体任务提出对创新资源需求。用户场景与创新任务的关系见表 8-15。

表 8-15　智能座舱用户场景与创新任务需求

用户场景	情境需求	功能	结构	创新任务
自动驾驶（CG₁）	安全的出行服务和驾驶体验	辅助驾驶、安全预警、路径规划	自动驾驶系统、环境感知系统、监测系统	交互方案设计：语音交互、手势交互、人脸识别、触觉交互等；智能硬件设计：座椅、中控、电子器件、显示屏等；软件设计：控制系统、操作系统、语音系统、情境感知系统等
休闲娱乐（CG₂）	多样化内容服务和智能化体验	整合娱乐影音功能	声光电系统、显示系统、车载应用系统	
移动办公（CG₃）	安静的办公环境	与手机电脑等多屏互联、信息协同	多屏互联系统、显示系统、电子系统	
休息场景（CG₄）	舒适的座舱环境和人性化服务	智能调节座椅、灯光、音响、布局、车内空气	座椅系统、灯光系统、影音系统、空调系统	

4）创新资源供需匹配

以智能座舱交互方案设计为例，确定了 15 个创新资源需求方，10 个创新资源提供方。根据式（4-7）可得创新资源需求方对提供方的满意度矩阵，见表 8-16。

表 8-16　创新资源需求方对提供方的满意度评价矩阵

DSS	S_1	S_2	S_3	S_4	S_5	S_6	S_7	S_8	S_9	S_{10}
D_1	0.155	0.091	0.121	0.119	0.136	0.120	0.105	0.108	0.016	0.029
D_2	0.117	0.023	0.140	0.170	0.010	0.088	0.181	0.102	0.066	0.104
D_3	0.075	0.153	0.143	0.033	0.093	0.092	0.039	0.159	0.073	0.140
D_4	0.007	0.183	0.095	0.171	0.020	0.122	0.182	0.079	0.113	0.028
D_5	0.079	0.148	0.137	0.159	0.043	0.106	0.058	0.110	0.151	0.008
D_6	0.196	0.035	0.156	0.115	0.029	0.008	0.155	0.202	0.128	0.107
D_7	0.043	0.073	0.032	0.156	0.148	0.084	0.115	0.081	0.114	0.153
D_8	0.124	0.068	0.171	0.174	0.013	0.062	0.045	0.157	0.076	0.111
D_9	0.201	0.109	0.090	0.069	0.055	0.167	0.036	0.020	0.039	0.196
D_{10}	0.189	0.118	0.046	0.080	0.029	0.134	0.001	0.113	0.189	0.102

（续表）

DSS	S_1	S_2	S_3	S_4	S_5	S_6	S_7	S_8	S_9	S_{10}
D_{11}	0.066	0.110	0.118	0.081	0.139	0.117	0.158	0.106	0.040	0.066
D_{12}	0.142	0.115	0.061	0.186	0.098	0.115	0.006	0.142	0.090	0.045
D_{13}	0.111	0.182	0.091	0.116	0.113	0.107	0.049	0.161	0.057	0.012
D_{14}	0.106	0.166	0.081	0.146	0.182	0.008	0.025	0.081	0.017	0.188
D_{15}	0.125	0.124	0.128	0.027	0.145	0.139	0.131	0.000	0.143	0.039

根据式（4-8）可得创新资源提供方对需求方的满意度矩阵，见表8-17。

表8-17　创新资源提供方对需求方的满意度评价矩阵

SDS	D_1	D_2	D_3	D_4	D_5	D_6	D_7	D_8	D_9	D_{10}	D_{11}	D_{12}	D_{13}	D_{14}	D_{15}
S_1	0.059	0.066	0.140	0.066	0.070	0.019	0.125	0.077	0.096	0.051	0.107	0.017	0.029	0.073	0.005
S_2	0.033	0.068	0.073	0.039	0.125	0.096	0.116	0.109	0.043	0.080	0.001	0.040	0.017	0.106	0.053
S_3	0.014	0.044	0.074	0.009	0.109	0.108	0.101	0.050	0.072	0.110	0.104	0.103	0.074	0.016	0.012
S_4	0.098	0.069	0.036	0.147	0.002	0.074	0.035	0.113	0.014	0.059	0.120	0.069	0.138	0.020	0.005
S_5	0.077	0.127	0.056	0.065	0.002	0.071	0.057	0.067	0.017	0.108	0.027	0.047	0.113	0.085	0.079
S_6	0.110	0.044	0.038	0.041	0.061	0.084	0.008	0.111	0.039	0.071	0.032	0.057	0.097	0.105	0.103
S_7	0.110	0.093	0.043	0.109	0.051	0.081	0.043	0.102	0.043	0.058	0.028	0.034	0.025	0.099
S_8	0.048	0.094	0.091	0.088	0.067	0.057	0.101	0.105	0.068	0.111	0.000	0.110	0.040	0.003	0.017
S_9	0.098	0.011	0.027	0.051	0.089	0.100	0.102	0.081	0.020	0.069	0.058	0.101	0.017	0.074	0.100
S_{10}	0.003	0.165	0.170	0.094	0.010	0.043	0.033	0.016	0.101	0.042	0.168	0.003	0.080	0.053	0.021

根据式（4-9）可得资源需求与资源供给之间的匹配程度矩阵，见表8-18。

表8-18　资源需求与资源供给之间的匹配度

MAD	S_1	S_2	S_3	S_4	S_5	S_6	S_7	S_8	S_9	S_{10}
D_1	0.025	0.164	0.044	0.184	0.075	0.185	0.156	0.092	0.040	0.036
D_2	0.024	0.098	0.149	0.108	0.069	0.158	0.187	0.016	0.084	0.106
D_3	0.045	0.100	0.073	0.099	0.117	0.083	0.103	0.142	0.098	0.139
D_4	0.117	0.047	0.122	0.066	0.162	0.086	0.107	0.103	0.103	0.088

（续表）

MAD	S_1	S_2	S_3	S_4	S_5	S_6	S_7	S_8	S_9	S_{10}
D_5	0.108	0.132	0.144	0.043	0.030	0.128	0.107	0.214	0.027	0.067
D_6	0.136	0.094	0.128	0.144	0.084	0.061	0.129	0.118	0.064	0.042
D_7	0.143	0.090	0.085	0.035	0.112	0.166	0.136	0.012	0.065	0.155
D_8	0.003	0.132	0.119	0.086	0.132	0.133	0.058	0.096	0.161	0.079
D_9	0.004	0.192	0.067	0.063	0.213	0.051	0.012	0.125	0.136	0.139
D_{10}	0.144	0.084	0.035	0.136	0.078	0.010	0.142	0.070	0.232	0.069
D_{11}	0.239	0.108	0.126	0.023	0.003	0.079	0.052	0.103	0.041	0.226
D_{12}	0.148	0.133	0.074	0.043	0.053	0.085	0.113	0.206	0.049	0.097
D_{13}	0.010	0.157	0.035	0.119	0.134	0.050	0.159	0.041	0.128	0.167
D_{14}	0.053	0.089	0.202	0.017	0.151	0.109	0.093	0.157	0.024	0.106
D_{15}	0.029	0.151	0.082	0.190	0.046	0.015	0.190	0.055	0.120	0.122

　　根据式(4-10)~式(4-14),结合如图4-9所示的改进的自适应 NSGA-Ⅱ算法流程用 MATLAB 2019a 软件进行求解。

　　算法参数见表 8-19。需求方个数 m 为 15,供应方个数 n 为 10,每个需求方需要资源个数 k 为 3,种群规模 P_N 为 500,最大进化代数 G 为 200,最大竞赛规模 TS_{max} 为 20,最小竞赛规模 TS_{min} 为 5,最大交叉概率 pc_{max} 为 0.9,最小交叉概率 pc_{min} 为 0.3,最大变异概率 pm_{max} 为 0.08,最小变异概率 pm_{min} 为 0.02。

表 8-19　算法参数

参数	m	n	k	P_N	G	TS_{max}	TS_{min}	pc_{max}	pc_{min}	pm_{max}	pm_{min}
取值	15	10	3	500	200	20	5	0.9	0.3	0.08	0.02

　　初始种群和 Pareto 最优方案集如图 8-8 所示。

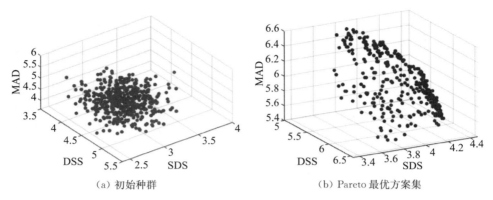

（a）初始种群　　　　　　　　（b）Pareto 最优方案集

图 8 - 8　初始种群与方案集

最终得到以下三个推荐匹配方案：

依据 DSS 最大得到推荐方案一，该方案中需求方对供应方满意度 DSS 为 6.566，供应方对需求方满意度 SDS 为 3.559，供需匹配程度 MAD 为 5.621。匹配情况见表 8 - 20。

表 8 - 20　推荐方案一的匹配情况

推荐方案一	S_1	S_2	S_3	S_4	S_5	S_6	S_7	S_8	S_9	S_{10}
D_1	0	0	0	1	1	0	1	0	0	0
D_2	0	0	1	1	0	0	1	0	0	0
D_3	0	0	1	0	0	0	0	1	0	1
D_4	0	0	1	1	0	0	1	0	0	0
D_5	0	1	0	0	0	0	0	0	0	0
D_6	1	0	1	0	0	0	0	1	0	0
D_7	0	0	0	0	1	0	0	0	1	1
D_8	0	0	0	0	0	0	0	1	1	0
D_9	1	0	0	0	0	0	0	1	0	1
D_{10}	1	1	0	0	0	0	0	0	1	0
D_{11}	1	1	0	0	0	0	1	0	0	0
D_{12}	1	0	0	1	0	0	0	1	0	0
D_{13}	0	1	0	1	1	0	0	0	0	0
D_{14}	0	0	0	1	1	0	0	0	0	1
D_{15}	0	0	0	0	0	1	1	0	1	0

依据 SDS 最大得到推荐方案二,该方案中需求方对供应方满意度 DSS 为 5.652,供应方对需求方满意度 SDS 为 4.467,供需匹配程度 MAD 为 5.465,匹配情况见表 8-21。

表 8-21　推荐方案二的匹配情况

推荐方案二	S_1	S_2	S_3	S_4	S_5	S_6	S_7	S_8	S_9	S_{10}
D_1	0	0	0	1	0	1	1	0	0	0
D_2	0	0	0	0	0	1	1	0	0	1
D_3	1	1	0	0	0	0	0	0	0	1
D_4	0	0	0	1	0	0	1	1	0	0
D_5	0	1	1	0	0	0	0	1	0	0
D_6	0	1	0	1	0	0	0	0	1	0
D_7	0	1	0	0	1	0	0	0	1	0
D_8	0	1	0	1	0	0	0	1	0	0
D_9	1	0	0	0	0	0	0	0	0	1
D_{10}	1	1	0	0	0	0	0	0	1	0
D_{11}	1	0	0	0	0	0	0	0	0	1
D_{12}	1	0	1	0	0	0	0	0	0	0
D_{13}	0	0	0	1	1	0	0	1	0	0
D_{14}	1	1	0	0	0	0	0	0	0	0
D_{15}	0	0	0	0	0	1	1	0	1	0

依据 MAD 最大得到推荐方案三,该方案中需求方对供应方满意度 DSS 为 5.319,供应方对需求方满意度 SDS 为 3.686,供需匹配程度 MAD 为 6.564,匹配情况见表 8-22。

表 8-22　推荐方案三的匹配情况

推荐方案三	S_1	S_2	S_3	S_4	S_5	S_6	S_7	S_8	S_9	S_{10}
D_1	0	0	0	1	0	1	1	0	0	0
D_2	0	0	1	0	0	1	1	0	0	0
D_3	0	0	0	0	0	0	0	1	0	1

（续表）

推荐方案三	S_1	S_2	S_3	S_4	S_5	S_6	S_7	S_8	S_9	S_{10}
D_4	0	0	0	0	1	0	1	0	0	1
D_5	0	1	1	0	0	0	0	1	0	0
D_6	1	0	1	1	0	0	0	0	0	0
D_7	1	0	0	0	1	1	0	0	0	0
D_8	0	0	1	0	0	0	0	1	1	0
D_9	0	1	0	0	0	0	0	1	0	1
D_{10}	1	1	0	0	0	0	0	0	1	0
D_{11}	1	0	0	1	0	0	0	0	0	1
D_{12}	1	0	0	1	0	0	0	1	0	0
D_{13}	0	0	0	0	1	0	1	0	0	1
D_{14}	0	0	1	0	0	1	0	0	0	1
D_{15}	0	1	0	0	0	0	1	0	1	0

具体进化情况如图 8-9 所示。

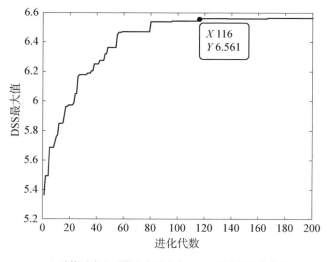

（a）总体需求方对供应方满意度（DSS）最大值进化曲线

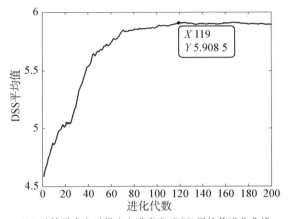

（b）总体需求方对供应方满意度（DSS）平均值进化曲线

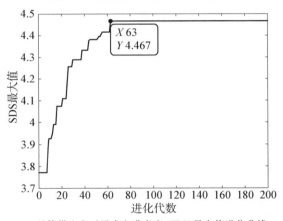

（c）总体供应方对需求方满意度（SDS）最大值进化曲线

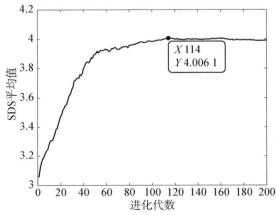

（d）总体供应方对需求方满意度（SDS）平均值进化曲线

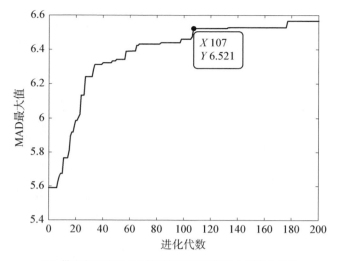

（e）供应方和需求方总体匹配度（MAD）最大值进化曲线

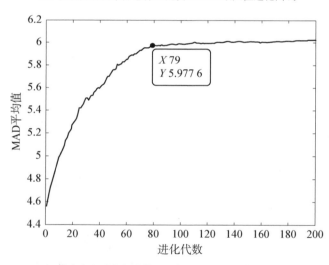

（f）供应方和需求方总体匹配度（MAD）平均值进化曲线

图 8-9　进化情况

根据推荐方案，基于区块链网络进行资源交易。

8.4　智能座舱的创新生态系统价值共创

针对本书提出的智能产品创新生态系统价值共创理论与方法，以智能座舱创新生态系统案例验证其可行性与先进性，围绕价值共创过程、共创主体选择、共创价值分配三个方面展开。

8.4.1　价值共创过程

以智能座舱人机交互体验方案设计为例说明面向情境价值的共创过程。基于 UML 的交互图如图 8‐10 所示。需求分析阶段的人机交互体验需求作为输入，输出人机交互体验方案。多模交互融合了语音、视觉、表情等多种模态信息，高校基于自身基础研究优势提供多模交互相关理论、方法、技术和工具。核心企业邀请用户社群中的创新用户参与试验数据采集，获取人脸数据、语音数据，进行脱敏处理后，数据提供给开发者社群，由其进行多模融合创新。开发者将用户情境分析结果提供给核心企业，为验证结果的有效性，核心企业把分析结果反馈给创新用户。得到用户验证后，一方面，核心企业与服务供应商社群进行协同服务创新，设计服务方案；另一方面，核心企业与硬件设计商社群联合创新设计硬件方案，与软件提供商协同创新设计控制软件方案，人机交互体验方案设计，并由领先用户验证。整个过程中，平台为开发者社群、服务提供商社群、硬件设计商社群、软件提供商社群提供相关技术支持。

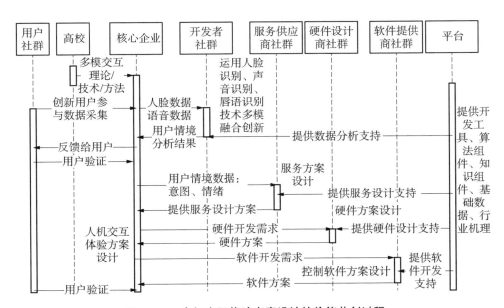

图 8‐10　人机交互体验方案设计的价值共创过程

8.4.2　共创主体选择

上一节中的硬件方案设计需要从 40 个备选创新主体中选择 4 个。备选创新主体的集合为 $B=\{B_1，B_2，\cdots，B_{40}\}$。对创新主体之间在创新资源、创新能力、兼容性、合作能力等四个方面的协作关系强度进行归一化处理后得到的矩阵见表 8-23～表 8-26。

表 8-23　创新主体间创新资源协作关系强度矩阵

X^1	B_1	B_2	B_3	B_4	B_5	B_6	$\cdots$	B_{38}	B_{39}	B_{40}
B_1	1.00	0.20	0.72	0.18	0.93	0.24	$\cdots$	0.05	0.28	0.19
B_2	0.26	1.00	0.25	0.32	0.25	0.54	$\cdots$	0.83	0.36	0.48
B_3	0.13	0.20	1.00	0.92	0.35	0.41	$\cdots$	0.41	0.93	0.99
B_4	0.57	0.40	0.84	1.00	0.58	0.93	$\cdots$	0.97	0.28	0.51
B_5	0.79	0.63	0.64	0.12	1.00	0.28	$\cdots$	0.11	0.09	0.34
$\cdots$	$\cdots$	$\cdots$	$\cdots$	$\cdots$	$\cdots$	$\cdots$	$\cdots$	$\cdots$	$\cdots$	$\cdots$
B_{38}	0.05	0.09	0.20	0.07	0.79	0.60	$\cdots$	1.00	0.01	0.96
B_{39}	0.91	0.47	0.47	0.42	0.16	0.45	$\cdots$	0.54	1.00	0.39
B_{40}	0.41	0.09	0.02	0.52	0.60	0.23	$\cdots$	0.23	0.61	1.00

表 8-24　创新主体间创新能力协作关系强度矩阵

X^2	B_1	B_2	B_3	B_4	B_5	B_6	$\cdots$	B_{38}	B_{39}	B_{40}
B_1	1.00	0.55	0.83	0.65	0.75	0.86	$\cdots$	0.44	0.59	0.89
B_2	0.77	1.00	0.87	0.40	0.59	0.70	$\cdots$	0.69	0.47	0.72
B_3	0.60	0.35	1.00	0.33	0.76	0.23	$\cdots$	0.88	0.35	0.52
B_4	0.88	0.26	0.70	1.00	0.83	0.84	$\cdots$	0.47	0.88	0.92
B_5	0.89	0.55	0.03	0.47	1.00	0.85	$\cdots$	0.29	0.51	0.02
$\cdots$	$\cdots$	$\cdots$	$\cdots$	$\cdots$	$\cdots$	$\cdots$	$\cdots$	$\cdots$	$\cdots$	$\cdots$
B_{38}	0.96	0.14	0.31	0.95	0.35	0.66	$\cdots$	1.00	0.89	0.61
B_{39}	0.68	0.80	0.42	0.89	0.55	0.96	$\cdots$	0.40	1.00	0.68
B_{40}	0.46	0.49	0.57	0.03	0.34	0.57	$\cdots$	0.16	0.80	1.00

表 8‑25　创新主体间兼容性协作关系强度矩阵

X^3	B_1	B_2	B_3	B_4	B_5	B_6	...	B_{38}	B_{39}	B_{40}
B_1	1.00	0.87	0.25	0.59	0.27	0.58	...	0.13	0.64	0.59
B_2	0.94	1.00	0.38	0.72	0.30	0.27	...	0.70	0.17	0.36
B_3	0.95	0.29	1.00	0.30	0.75	0.54	...	0.38	0.75	0.32
B_4	0.33	0.75	0.69	1.00	0.98	0.44	...	0.68	0.19	0.69
B_5	0.92	0.08	0.64	0.67	1.00	0.50	...	0.42	0.12	0.81
B_6	0.03	0.62	0.22	0.33	0.22	1.00	...	0.94	0.52	0.42
...	...	...	...	...	...	...		...	...	...
B_{38}	0.14	0.52	0.23	0.87	0.74	0.48	...	1.00	0.03	0.81
B_{39}	0.41	0.68	0.51	0.45	0.19	0.84	...	0.55	1.00	0.41
B_{40}	0.46	0.31	0.77	0.58	0.19	0.71	...	0.43	0.22	1.00

表 8‑26　创新主体间合作能力协作关系强度矩阵

X^4	B_1	B_2	B_3	B_4	B_5	B_6	...	B_{38}	B_{39}	B_{40}
B_1	1.00	0.34	0.86	0.04	0.11	0.94	...	0.89	0.16	0.54
B_2	0.78	1.00	0.14	0.39	0.93	0.98	...	0.40	0.16	0.61
B_3	0.25	0.43	1.00	0.63	0.46	0.93	...	0.72	0.72	0.71
B_4	0.73	0.94	0.22	1.00	0.74	0.01	...	0.93	0.65	0.07
B_5	0.91	0.68	0.69	0.59	1.00	0.38	...	0.23	0.47	0.52
B_6	0.02	0.97	0.37	0.21	0.24	1.00	...	0.44	0.74	0.40
...	...	...	...	...	...	...		...	...	...
B_{38}	0.23	0.23	0.43	0.46	0.96	0.68	...	1.00	0.23	0.57
B_{39}	0.39	0.54	0.11	0.51	0.94	0.13	...	0.59	1.00	0.73
B_{40}	0.38	0.14	0.82	0.77	0.87	0.24	...	0.36	0.78	1.00

　　由第 4 章得到，协作关系强度的权重向量为 $w = (0.246, 0.288, 0.159, 0.307)$。

　　40 个备选创新主体的生态位因子 $N_i (i = 1, 2, 3, 4, 5, 6)$ 的实际值见表 8‑27。

表 8-27 生态位因子实际值

生态位因子	N_1	N_2	N_3	N_4	N_5	N_6
B_1	0.11	0.92	0.23	0.47	0.46	0.18
B_2	0.17	0.01	0.94	0.75	0.22	0.14
B_3	0.26	0.34	0.10	0.56	0.73	0.34
B_4	0.42	0.31	0.81	0.80	0.78	0.34
B_5	0.32	0.89	0.76	0.77	0.45	0.32
B_6	0.65	0.23	0.72	0.47	0.72	0.82
…	…	…	…	…	…	…
B_{38}	0.73	0.48	0.53	0.69	0.65	0.32
B_{39}	0.54	0.84	0.03	0.48	0.28	0.22
B_{40}	0.55	0.54	0.88	0.30	0.60	0.76

由表 8-27 可得创新主体生态位因子的理想值向量为 $Y^* = (0.85, 0.95, 0.94, 0.84, 0.83, 0.95)$。

采用 NSGA-Ⅱ算法进行求解,算法参数的具体参数见表 8-28。其中,个数 n 为 40,选中伙伴个数 N 为 4,种群规模 P 为 200,最大进化代数 G 为 100,交叉概率 pc 为 0.5,变异概率 pm 为 0.1。

表 8-28 NSGA-Ⅱ算法参数

参数	n	N	P	G	pc	pm
取值	40	4	200	50	0.5	0.1

初始种群和 Pareto 最优方案集如图 8-11 所示。

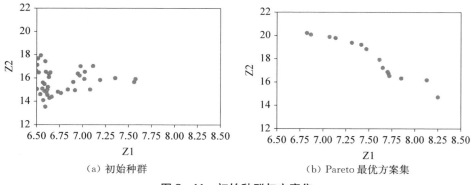

（a）初始种群　　　　　　　　（b）Pareto 最优方案集

图 8-11 初始种群与方案集

　　求解得到解集合 $S=\{S_1, S_2, \cdots, S_{16}\}$，16 个解的情况见表 8-29，其中 1 代表备选主体被选中，0 代表未被选中。

表 8-29　最优方案解

方案解	S_1	S_2	S_3	S_4	S_5	S_6	S_7	S_8	S_9	S_{10}	S_{11}	S_{12}	S_{13}	S_{14}	S_{15}	S_{16}
B_1	0	0	0	0	0	0	0	1	0	0	0	1	0	0	0	0
B_2	1	0	0	0	0	0	0	0	0	0	0	1	0	0	0	0
B_3	0	0	0	0	0	0	0	0	0	0	0	0	1	0	0	1
B_4	0	0	0	0	0	1	0	0	0	0	0	0	0	0	0	0
B_5	1	0	0	0	0	0	0	0	1	1	0	0	0	0	0	0
B_6	0	0	0	0	1	0	0	1	0	0	0	0	0	0	0	0
B_7	0	0	1	0	1	0	0	0	0	0	0	0	0	1	1	0
B_8	0	0	0	0	0	0	0	0	0	0	0	0	0	0	0	0
B_9	0	0	0	0	0	0	1	0	0	0	0	1	0	0	0	0
B_{10}	0	0	0	0	0	0	0	0	0	0	0	0	0	0	0	0
B_{11}	0	0	0	0	1	0	0	0	0	0	0	0	0	0	0	0
B_{12}	0	0	0	0	0	0	0	0	0	1	0	0	0	0	0	0
B_{13}	0	0	0	0	0	0	0	0	0	0	0	0	0	0	0	0
B_{14}	0	0	0	0	1	0	0	0	0	0	1	0	0	0	0	0
B_{15}	0	0	0	1	0	0	1	0	0	0	0	0	0	0	0	0
B_{16}	0	0	0	0	0	0	0	0	0	0	0	0	0	0	0	0
B_{17}	0	0	0	0	0	0	0	0	0	0	0	0	0	0	0	0
B_{18}	0	0	0	0	0	0	0	0	0	1	1	0	0	0	0	1
B_{19}	0	0	0	1	0	0	0	0	0	0	0	0	0	0	0	0
B_{20}	0	0	0	0	0	0	0	0	0	0	0	0	0	0	0	1
B_{21}	0	1	0	0	0	1	0	0	0	0	1	0	0	0	1	0
B_{22}	0	1	0	0	0	0	0	0	1	0	0	1	0	0	0	0
B_{23}	0	0	0	0	0	0	1	0	0	0	0	0	0	0	1	0
B_{24}	0	0	0	0	0	0	0	1	0	0	0	0	0	0	1	0
B_{25}	0	0	0	0	0	0	0	0	0	0	1	0	0	0	0	0

（续表）

方案解	S_1	S_2	S_3	S_4	S_5	S_6	S_7	S_8	S_9	S_{10}	S_{11}	S_{12}	S_{13}	S_{14}	S_{15}	S_{16}
B_{26}	0	0	0	0	0	1	0	0	0	0	0	0	1	0	0	1
B_{27}	0	0	0	0	0	0	0	0	0	0	1	0	0	0	1	0
B_{28}	0	1	0	1	0	0	0	0	0	0	0	1	0	0	0	0
B_{29}	0	0	0	0	0	0	0	0	0	0	0	0	0	0	1	0
B_{30}	0	0	1	0	0	0	0	0	0	0	0	0	0	0	0	0
B_{31}	0	1	0	0	0	0	0	0	0	0	0	0	0	0	0	0
B_{32}	0	0	1	1	0	0	0	0	0	0	0	0	0	0	0	0
B_{33}	0	0	0	0	0	0	1	0	0	0	0	0	0	0	0	0
B_{34}	1	0	1	0	0	0	0	0	0	0	0	0	0	0	0	0
B_{35}	0	0	0	0	0	0	0	0	0	0	0	0	0	0	0	0
B_{36}	0	0	0	0	0	0	0	0	1	0	0	0	0	1	0	0
B_{37}	0	0	0	0	0	0	0	0	0	0	0	0	1	0	0	0
B_{38}	1	0	0	0	0	0	0	0	0	0	0	0	1	0	0	0
B_{39}	0	0	0	0	0	1	0	0	0	0	0	0	0	0	0	0
B_{40}	0	0	0	0	0	0	0	0	0	0	0	1	0	0	0	0

由表 8-29 的解得到 16 个方案对应的备选主体，见表 8-30。

表 8-30　最优方案的备选主体

方案	备选主体	方案	备选主体
方案 1	B_2、B_5、B_{34}、B_{38}	方案 9	B_5、B_{12}、B_{22}、B_{36}
方案 2	B_{21}、B_{22}、B_{28}、B_{31}	方案 10	B_{18}、B_{21}、B_{25}、B_{27}
方案 3	B_7、B_{30}、B_{32}、B_{34}	方案 11	B_2、B_{14}、B_{18}、B_{28}
方案 4	B_{15}、B_{19}、B_{28}、B_{32}	方案 12	B_1、B_9、B_{22}、B_{40}
方案 5	B_6、B_7、B_{11}、B_{14}	方案 13	B_3、B_{26}、B_{37}、B_{38}
方案 6	B_4、B_{21}、B_{26}、B_{39}	方案 14	B_7、B_{23}、B_{24}、B_{36}
方案 7	B_9、B_{15}、B_{23}、B_{33}	方案 15	B_7、B_{21}、B_{27}、B_{29}
方案 8	B_1、B_5、B_6、B_{24}	方案 16	B_3、B_{18}、B_{20}、B_{26}

各方案的优化目标结果见表 8-31。

表 8-31　各方案的优化目标计算结果

优化目标	S_1	S_2	S_3	S_4	S_5	S_6	S_7	S_8
目标 Z_1	6.01778	6.47413	6.57255	6.54798	5.95332	6.76633	8.53765	5.98872
目标 Z_2	15.85122	15.24335	14.10842	17.95844	15.18422	14.71343	18.22110	16.62270
优化目标	S_9	S_{10}	S_{11}	S_{12}	S_{13}	S_{14}	S_{15}	S_{16}
目标 Z_1	6.31503	5.31822	6.00823	6.14397	6.02334	5.81063	5.24091	6.16234
目标 Z_2	15.47992	14.58275	14.75219	14.76569	15.30996	16.08340	14.30449	14.51613

采用灰色关联投影法对 16 个方案进行优选。评价指标包括创新资源集成能力、整体技术水平、创新风险大小、创新成本、预期收益水平。评价指标权重向量为 $w = [0.22, 0.20, 0.22, 0.18, 0.18]$。根据式(5-8)~式(5-10)计算得到关联投影系数见表 8-32。

表 8-32　灰色关联投影系数计算结果

投影系数	S_1	S_2	S_3	S_4	S_5	S_6	S_7	S_8
ϕ	0.474	0.271	0.283	0.522	0.350	0.278	0.537	0.388
投影系数	S_9	S_{10}	S_{11}	S_{12}	S_{13}	S_{14}	S_{15}	S_{16}
ϕ	0.334	0.276	0.255	0.793	0.376	0.361	0.446	0.434

结果排序得到方案 12 的关联投影系数最大,说明与理想解的距离最近,因此得到最优组合为(B_1、B_9、B_{22}、B_{40}),即抬头显示系统提供商、仪表盘提供商、中控屏幕提供商、摄像设备提供商。

8.4.3　共创价值分配

1) 传统 Shapley 值法

以上一节中最优组合(B_1、B_9、B_{22}、B_{40})承担的子任务视觉交互设备创新为例,四个共创主体分别编号为 A、B、C、D,四个主体协同进行共创的总价值为 3200 元,运用式(5-19)和式(5-20),按传统 Shapley 值法计算得到主体 A 的价值分配各项参数,见表 8-33。

表 8‑33 主体 A 基于 Shapley 值法的计算结果

s	A	AUB	AUC	AUD	AUBUC	AUBUD	AUCUD	AUBUCUD
$V(s)$	300	850	1 048	1 156	1 800	2 056	2 478	3 200
$V(s-\{i\})$	0	400	500	550	1 000	1 100	1 320	2 800
$V(s)-$ $V(s-\{i\})$	300	450	548	606	800	956	1 158	400
$\lvert s \rvert$	1	2	2	2	3	3	3	4
$\omega(\lvert s \rvert)$	1/4	1/12	1/12	1/12	1/12	1/12	1/12	1/4
$\omega(\lvert s \rvert)[V$ $(s)-V(s-$ $\{i\})]$	75	37.5	45.67	50.5	66.67	79.67	96.5	100

A 能分配的共创价值为：$\varphi_A=75+37.5+45.67+50.5+66.67+79.67+96.5+100=551.51$。

同理可得其他主体的 Shapley 值，$\varphi_B=816.23$、$\varphi_C=900$、$\varphi_D=932.26$。

2）改进的 Shapley 值法

创新主体的资源投入比重、风险承担比重、努力程度比重、重要程度比重见表 8‑34。

表 8‑34 创新主体贡献度比重

创新主体	资源投入比重(θ_i)	风险承担比重(Ω_i)	努力程度比重(ρ_i)	重要程度比重(ϕ_i)
A	0.28	0.20	0.29	0.21
B	0.25	0.28	0.17	0.24
C	0.23	0.22	0.22	0.24
D	0.24	0.30	0.32	0.31

则改进后创新主体 A 的价值分配为：$\varphi'_A(V)=\varphi_A(V)+\bar{\omega}_1\left(\theta_i-\dfrac{1}{n_k}\right)V(n_k)+\bar{\omega}_2\left(\eta_i-\dfrac{1}{n_k}\right)V(n_k)+\bar{\omega}_3\left(\rho_i-\dfrac{1}{n_k}\right)V(n_k)+\bar{\omega}_4\left(\phi_i-\dfrac{1}{n_k}\right)V(n_k)=551.51+0.246\times(0.28-0.25)\times3\,200+0.288\times(0.20-0.25)\times3\,200+0.159\times(0.29-0.25)\times3\,200+0.307\times(0.21-0.25)\times3\,200=510.1$。

同理可计算创新主体 B、C、D 的价值分配为:$\varphi'_B(V)=793.35$、$\varphi'_C(V)=$ 831.52、$\varphi'_D(V)=1\,065.03$。

3) 博弈

设环境影响因子 k 取值为 200,创新主体 A 与创新主体 B 进行对比,A 的收益小于 B,但 A 的投入比重大于 B,因此主体 A 会以概率 $P(A\to B)=1/1+\exp\{[510.1-793.35]/200\}=0.81$ 模仿 B 的投入和努力程度。此时,需要上调资源投入指标的权重以平衡创新主体 A 与 B 之间的价值分配差异。

8.5 智能座舱的创新生态系统系统共生

针对本书提出的智能产品创新生态系统系统共生理论与方法,本节以智能座舱创新生态系统案例,围绕协同共生网络及共生价值冲突解决验证其可行性。

8.5.1 协同共生网络

本小节以智能座舱的网络安全为例介绍共生的形成及要素。智能座舱作为智能移动空间,需要满足车、路、人、云的智能协同。对车智能体现在对车内传感器数据进行计算,提供智能决策;对路智能体现在对车外环境感知能力;对人智能体现在与用户的交互;对云智能体现在云端数据分析。智能协同需要以数据安全和网络安全为前提。在此背景下,开发者、操作系统提供商、安全提供商、网络通信提供商、核心企业 F 公司等五个创新主体在内外部因素综合作用下形成以 F 公司为核心的单中心组织间协同共生网络,相互依存,共生共荣。该共生网络产生三种效应:内生效应、互生效应和派生效应,如图 8 - 12 所示。

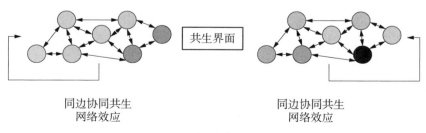

同边协同共生　　　　　　　　同边协同共生
网络效应　　　　　　　　　　网络效应

（a）内生

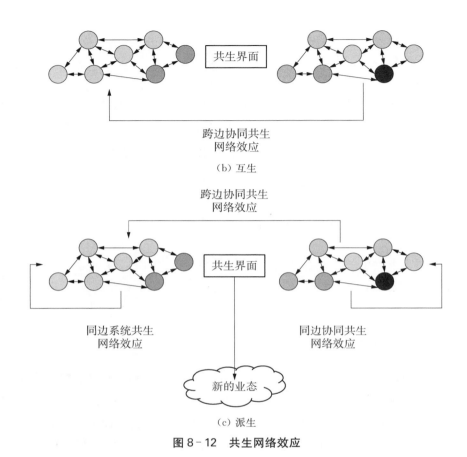

（b）互生

（c）派生

图 8‑12　共生网络效应

（1）内生效应，即同边协同共生网络效应。随着开发者规模的增加，开发的应用越多，产生的知识和需要解决的问题越多，吸引了其他开发者的加入。

（2）互生效应，即跨边协同共生网络效应。开发者开发的应用越多，用户可选择的车载应用越多，产生的数据越多，对安全的需要越多，增加了共生界面另一端安全提供商的规模。

（3）派生效应，即基于同边协同共生网络效应和跨边协同共生网络效应，孵化出新的业态。多场景的用户交互体验依赖于泛在互联的智能硬件和 AI 算法。开发的 AI 算法应用于新的场景，带来新的用户，产生新的需求，增加了新的开发者，提供新的解决方案，为用户带来新的体验，衍生出新的服务和场景体验。

8.5.2　协同共生价值冲突解决

1) 冲突识别

上一节中五个共生单元组成的集合为 $U = \{U_1, U_2, \cdots U_5\}$,共生单元 U_1 的主质参量为开发能力,共生单元 U_2 的主质参量为底层代码,两者之间存在三种类型共生关系,因解决方案设计产生的开发服务供需关系,因软件开发任务产生的物质交换关系,因能力互补产生的应用程序开发知识共享关系。权重分别为 0.3、0.3、0.4。根据式(6-5),综合共生系数为 0.68。同理计算得到其他共生单元之间的综合共生系数,形成共生网络的共生系数矩阵,见表 8-35。

表 8-35　协同共生网络的共生系数矩阵

(U_i, U_j)	U_1	U_2	U_3	U_4	U_5
U_1	1	0.68	0.46	0.37	0.5
U_2	0.32	1	0.74	0.68	0.48
U_3	0.54	0.36	1	0.49	0.46
U_4	0.73	0.32	-0.51	1	0.45
U_5	0.5	0.52	0.54	0.55	1

根据式(6-9)和表 8-35 中的共生关系矩阵识别共生单元之间的冲突。寻找矩阵元素中值为负数的共生系数,发现 $(U_4, U_3) = -0.51 < 0$,则与之对应的网络通信提供商与安全提供商之间存在价值冲突。

2) 冲突解决

分析两者之间的价值冲突来源于交叉领域网络安全。网络通信提供商对网络安全相关资源和数据的管控会降低安全提供商的收益。利用表 6-3 中的影响因素找出待改善因素"创新资源供给"和恶化因素"资源损失"。再根据影响因素查找表 6-4 的共生单元价值冲突矛盾矩阵得到推荐的原理 14"曲面化"和原理 15"动态化"。

根据推荐原理 14,通过增加安全相关资源供给来解决,如数据安全、信息安全、设备安全等。根据推荐原理 15,通过随机动态组合的方式由不同的网络提供商和安全提供商合作设计网络安全解决方案。

8.6 智能座舱的创新生态系统创新共赢

针对本书提出的智能产品创新生态系统创新共赢理论与方法,本节以智能座舱创新生态系统为例,围绕智能座舱创新生态系统的创新绩效评价验证其可行性与先进性。

1) 基于 IVPF - DEMATEL 法确定绩效评价指标之间的影响关系

运用 IVPF - DEMATEL 法得到绩效评价指标之间的因果关系图和指标影响力系数。请 4 位专家对绩效评价指标之间的关联关系进行评价,以区间毕达哥拉斯模糊数形式表示。根据式(7 - 10)~式(7 - 12)计算专家权重为 [0.247 5, 0.250 7, 0.250 6, 0.251 2]。

根据式(7 - 13)和式(7 - 14)得到数值化矩阵 G,见表 8 - 36。

表 8 - 36　数值化关系矩阵

G	C_{11}	C_{12}	C_{13}	C_{21}	C_{22}	C_{23}	C_{24}	C_{25}	⋯	D_{31}	D_{32}	D_{33}	D_{34}
C_{11}	0.19	0.77	0.99	0.99	0.67	0.63	0.67	0.63	⋯	0.67	0.63	0.67	0.63
C_{12}	0.97	0.19	0.94	0.99	0.96	0.77	0.67	0.77	⋯	0.63	0.34	0.63	0.34
C_{13}	0.98	1.00	0.19	1.00	0.96	0.99	0.96	0.77	⋯	0.77	0.67	0.67	0.77
C_{21}	0.96	0.99	0.96	0.19	0.96	0.85	0.96	0.96	⋯	0.77	0.67	0.77	0.77
C_{22}	0.85	0.96	0.77	0.96	0.19	0.96	0.77	0.67	⋯	0.67	0.96	0.96	0.99
C_{23}	0.67	0.67	0.99	0.96	0.85	0.19	0.96	0.85	⋯	0.67	0.85	0.67	0.85
⋯	⋯	⋯	⋯	⋯	⋯	⋯	⋯	⋯	⋯	⋯	⋯	⋯	⋯
D_{31}	0.63	0.63	0.93	0.67	0.77	0.67	0.77	0.67	⋯	0.19	0.67	0.67	0.85
D_{32}	0.63	0.74	0.79	0.63	0.88	0.85	0.77	0.67	⋯	0.63	0.19	0.77	0.67
D_{33}	0.63	0.63	0.77	0.34	0.63	0.63	0.34	0.63	⋯	0.63	0.63	0.19	0.77
D_{34}	0.63	0.63	0.63	0.74	0.77	0.77	0.77	0.63	⋯	0.63	0.63	0.34	0.19

根据式(7 - 15)和式(7 - 16)得到综合关联矩阵 R,见表 8 - 37。

表 8 - 37　综合关联矩阵

R	C₁₁	C₁₂	C₁₃	C₂₁	C₂₂	C₂₃	C₂₄	C₂₅	⋯	D₃₁	D₃₂	D₃₃	D₃₄
C₁₁	0.00	0.00	0.00	0.00	0.00	0.00	0.00	0.00	⋯	0.00	0.00	0.00	0.00
C₁₂	0.00	0.00	0.00	0.00	0.00	0.00	0.00	0.00	⋯	0.00	0.00	0.00	0.00
C₁₃	0.00	0.00	0.00	0.00	0.00	0.00	0.00	0.00	⋯	0.00	0.00	0.00	0.00
C₂₁	0.30	0.30	0.31	0.26	0.30	0.30	0.28	0.28	⋯	0.26	0.28	0.28	0.29
C₂₂	0.28	0.29	0.29	0.29	0.26	0.29	0.27	0.26	⋯	0.25	0.28	0.28	0.29
C₂₃	0.00	0.00	0.00	0.00	0.00	0.00	0.00	0.00	⋯	0.00	0.00	0.00	0.00
C₂₄	0.26	0.27	0.27	0.26	0.27	0.27	0.00	0.26		0.00	0.26	0.25	0.27
⋯	⋯	⋯	⋯	⋯	⋯	⋯	⋯	⋯	⋯	⋯	⋯	⋯	⋯
D₃₁	0.00	0.00	0.26	0.00	0.25	0.00	0.00	0.00	⋯	0.25	0.27	0.26	0.27
D₃₂	0.00	0.00	0.00	0.00	0.00	0.00	0.00	0.00	⋯	0.00	0.00	0.00	0.25
D₃₃	0.00	0.00	0.00	0.00	0.00	0.00	0.00	0.00	⋯	0.00	0.00	0.00	0.00
D₃₄	0.00	0.00	0.00	0.00	0.00	0.00	0.00	0.00	⋯	0.00	0.00	0.00	0.00

　　根据式(7 - 17)和式(7 - 18)计算得到的中心度 M 和原因度 N,对 24 个绩效评价指标进行分组,划分为原因型指标和结果型指标。如图 8 - 13 所示,横

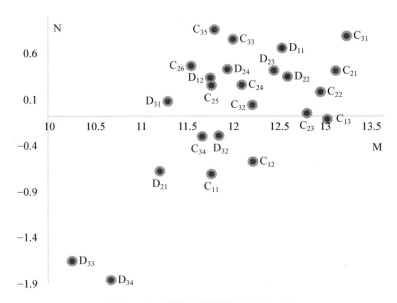

图 8 - 13　绩效评价指标因果关系图

坐标表示中心度 M，纵坐标表示原因度 N。以纵坐标 N 取值 0 为分界线，分界线以上的点代表原因型指标，分界线以下的点代表结果型指标，包括 C_{23}、C_{13}、C_{34}、C_{11}、C_{12}、D_{32}、D_{21}、D_{33}、D_{34}。其中，指标 D_{34}（社会满意度）受影响程度最大，与实际情况相符。

采用 UCINET 软件进行图形化表达，绘制指标之间的影响与被影响关系。如图 8-14 所示，圆圈节点表示结果型指标，方块节点表示原因型指标，箭头指向的节点表示被影响。

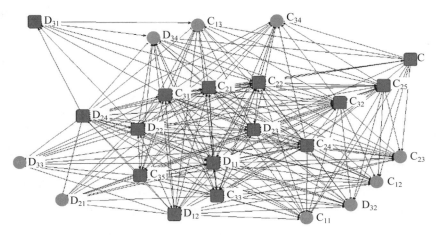

图 8-14　指标之间的影响关系图

根据式（7-19）计算得到评价指标影响力系数，见表 8-38。

表 8-38　评价指标影响力系数计算结果

指标	C_{11}	C_{12}	C_{13}	C_{21}	C_{22}	C_{23}	C_{24}	C_{25}
系数 p_i	0.044	0.041	0.036	0.039	0.036	0.035	0.034	0.034
指标	C_{26}	C_{31}	C_{32}	C_{33}	C_{34}	C_{35}	D_{11}	D_{12}
系数 p_i	0.037	0.049	0.033	0.045	0.034	0.048	0.044	0.035
指标	D_{21}	D_{22}	D_{23}	D_{24}	D_{31}	D_{32}	D_{33}	D_{34}
系数 p_i	0.042	0.037	0.038	0.037	0.031	0.034	0.075	0.083

评价指标影响力系数排序如图 8-15 所示。

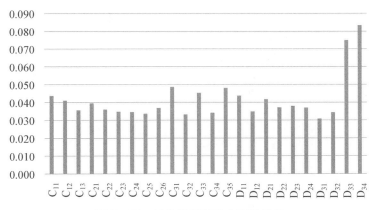

图 8 - 15　评价指标影响力系数排序

2）基于 ANP 法得到的指标权重

基于 IVPF - DEMATEL 法得到指标之间的影响关系，运用 Super Decisions 软件构建 ANP 网络，如图 8 - 16 所示。

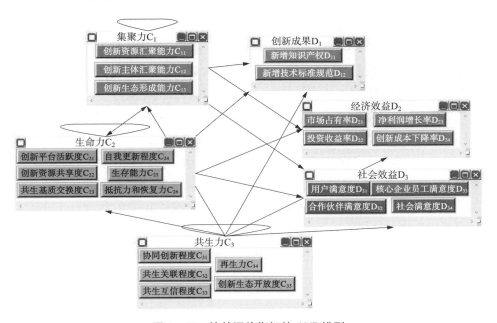

图 8 - 16　绩效评价指标的 ANP 模型

运用 Super Decisions 软件计算指标权重 ω_i，根据式（7 - 20）得到混合权重 ω_i'，结果见表 8 - 39。

表 8‑39　绩效评价指标权重和混合权重计算结果

指标	C_{11}	C_{12}	C_{13}	C_{21}	C_{22}	C_{23}	C_{24}	C_{25}
ANP 权重 ω_i	0.063	0.054	0.052	0.043	0.005	0.129	0.081	0.02
混合权重 ω_i'	0.041	0.042	0.046	0.046	0.040	0.055	0.047	0.039
指标	C_{26}	C_{31}	C_{32}	C_{33}	C_{34}	C_{35}	D_{11}	D_{12}
ANP 权重 ω_i	0.024	0.02	0.022	0.036	0.049	0.034	0.069	0.015
混合权重 ω_i'	0.039	0.045	0.040	0.043	0.040	0.042	0.048	0.038
指标	D_{21}	D_{22}	D_{23}	D_{24}	D_{31}	D_{32}	D_{33}	D_{34}
ANP 权重 ω_i	0.069	0.031	0.085	0.028	0.049	0.039	0.002	0.018
混合权重 ω_i'	0.041	0.043	0.050	0.041	0.041	0.040	0.026	0.029

3）综合评价

收集智能座舱创新生态系统的过程信息和结果信息。依据表 7‑1 和表 7‑2 的指标，分别对过程绩效和结果绩效进行评价。采用表 7‑3 的评语集评价过程和结果健康度。通过 4 位专家对绩效水平进行评价，得到过程绩效评价结果的区间毕达哥拉斯模糊数形式为 $A = \langle [0.66, 0.72], [0.18, 0.32] \rangle$，依据最大隶属度原则，属于亚健康状态。结果绩效评价的区间毕达哥拉斯模糊数形式为 $B = \langle [0.46, 0.58], [0.42, 0.48] \rangle$，属于低质量发展型。

综合评价结果为：可持续低质量发展型创新生态系统。

改进策略：由于智能座舱主机厂和智能硬件供应商之间存在核心数据共享壁垒，用户使用数据未被充分挖掘和利用，因此，需要进一步扩大数据的使用范围。提高平台活跃度，提高关键资源的补贴力度，面向基于数据分享的价值增值设计持续价值分配方案。

附录 英文缩略语

缩略词	英文全称	中文名称
ANP	Analytic Network Process	网络分析法
CAS	Complex Adaptive System	复杂自适应系统
C－IRP	Cloud Innovation Resource Pool	云资源池
CPSS	Cyber Physical Social System	赛博物理社会系统
DEMETAL	Decision Making Trial and Evaluation Laboratory	决策试验与评估实验室分析法
E－IRP	Edge Innovation Resource Pool	边缘资源池
ECSN	Ecology Collaborative Symbiosis Network	生态协同共生网络
EVP	Ecosystem Value Proposition	生态系统价值主张
ESE	Ecosystem Symbiosis Energy	生态系统共生能量
HOPE	Haier Open Partnership Ecosystem	海尔开放式伙伴生态系统
IF－VIKOR	Intuitionistic Fuzzy Vlse Kriterijumska Optimizacija I Kompromisno Resenje	直觉模糊妥协解排序法
IR	Innovation Resource	创新资源
IPE	Innovation Performance	创新绩效
intra-OCSN	intra-organizational collaborative symbiosis network	组织内协同共生网络
inter-OCSN	inter-organizational collaborative symbiosis network	组织间协同共生网络

（续表）

缩略词	英文全称	中文名称
MAS	Multi-agent System	多智能体系统
OWL	Web Ontology Language	基于网络本体语言
P2P	Peer-to-Peer	点对点
QoS	Quality of service	服务质量
SP	Smart Product	智能产品
SCIE	Smart Cockpit Innovation Ecosystem	智能座舱的创新生态系统
SPIE	Smart Product Innovation Ecosystem	智能产品的创新生态系统
SPIE - VSM	Viable System Model for Smart Product Innovation Ecosystem	智能产品的创新生态系统模型
SDL	Service Dominant Logic	服务主导逻辑
SVP	Stakeholder Value Proposition	相关方价值主张
UML	Unified Modeling Language	统一建模语言
UVP	User Value Proposition	用户价值主张
VSM	Viable System Model	活系统模型
VIE	Value-in-Exchange	交换价值
VIU	Value-in-Use	使用价值
VIX	Value-in-Experience	体验价值
VIC	Value-in-Context	情境价值
V2X	Vehicle to Everything	车与外界信息交换

参考文献

[1] Fukuda K. Science, technology and innovation ecosystem transformation toward society 5.0 [J]. International Journal of Production Economics, 2019:107460.

[2] Davis E. The Rise of the Smart Product Economy [R]. Cognizant, Retrieved April, 2015,11:2016.

[3] Tomiyama T, Lutters E, Stark R, et al. Development capabilities for smart products [J]. CIRP Annals, 2019,68(2):727 - 750.

[4] 埃里克·谢弗尔,大卫·索维.产品再造:数字时代的制造业转型与价值创造[M].上海:上海交通大学出版社,2019.

[5] Porter M E, Heppelmann J E. How smart, connected products are transforming competition [J]. Harvard Business Review, 2014,92(11):64 - 88.

[6] 朱学彦,吴颖颖.创新生态系统:动因、内涵与演化机制[C]//第十届中国科技政策与管理学术年会论文集——分4:创新与创业(Ⅰ).中国科学学与科技政策研究会,2014:8.

[7] Rong K, Lin Y, Yu J, et al. Manufacturing strategies for the ecosystem-based manufacturing system in the context of 3D printing [J]. International Journal of Production Research, 2020,58:2315 - 2334.

[8] 赵岩.企业创新生态系统下双元创新对价值共创的影响研究[J].当代财经,2020(5):87 - 99.

[9] Granstrand O, Holgersson M. Innovation ecosystems: A conceptual review and a new definition [J]. Technovation, 2019,90 - 91:102098.

[10] Oh D-S, Phillips F, Park S, et al. Innovation ecosystems: A critical examination [J]. Technovation, 2016,54:1 - 6.

[11] Xie X, Wang H. How can open innovation ecosystem modes push product innovation forward? An fsQCA analysis [J]. Journal of Business Research, 2020,108:29 - 41.

[12] Phillips M A, Ritala P. A complex adaptive systems agenda for ecosystem research methodology [J]. Technological Forecasting and Social Change, 2019,148:119739.

[13] 柳卸林,孙海鹰,马雪梅.基于创新生态观的科技管理模式[J].科学学与科学技术管

理,2015,36(1):18-27.

[14] Gawer A, Cusumano M A. Industry Platforms and Ecosystem Innovation [J]. Journal of Product Innovation Management, 2014,31(3):417-433.

[15] Evans P C, Gawer A. The rise of the platform enterprise: a global survey [R]. The Center for Global Enterprise, 2016.

[16] Mohelska H, Sokolova M. Smart, connected products change a company's business strategy orientation [J]. Applied Economics, 2016,48(47):4502-4509.

[17] Pellizzoni E, Trabucchi D, Buganza T. Platform strategies: how the position in the network drives success [J]. Technology Analysis & Strategic Management, 2019,31 (5):579-592.

[18] Barrie J, Zawdie G, João E. Assessing the role of triple helix system intermediaries in nurturing an industrial biotechnology innovation network [J]. Journal of Cleaner Production, 2019,214:209-223.

[19] Cenamor J, Parida V, Wincent J. How entrepreneurial SMEs compete through digital platforms: The roles of digital platform capability, network capability and ambidexterity [J]. Journal of Business Research, 2019,100:196-206.

[20] Sang M. Lee, Olson D L. Convergenomics: strategic innovation in the convergence era [J]. International Journal of Management and Enterprise Development, 2010,9 (1):1-12.

[21] Klarin A. Mapping product and service innovation: A bibliometric analysis and a typology [J]. Technological Forecasting and Social Change, 2019,149:119776.

[22] Lee S M. Innovation: from small "i" to large "I" [J]. International Journal of Quality Innovation, 2018,4(1):2.

[23] Lee Sang M. Co-innovation: convergenomics, collaboration, and co-creation for organizational values [J]. Management Decision, 2012,50(5):817-831.

[24] Marilungo E, Coscia E, Quaglia A, et al. Open Innovation for Ideating and Designing New Product Service Systems [J]. Procedia CIRP, 2016,47:305-310.

[25] Heil S, Bornemann T. Creating shareholder value via collaborative innovation: the role of industry and resource alignment in knowledge exploration [J]. R&D Management, 2018,48(4):394-409.

[26] Chen J, Yin X, Mei L. Holistic Innovation: An Emerging Innovation Paradigm [J]. International Journal of Innovation Studies, 2018,2(1):1-13.

[27] Ribiere Vincent M. Fostering innovation with KM 2.0 [J]. VINE, 2010,40(1):90-101.

[28] Madsen H L. Business model innovation and the global ecosystem for sustainable development [J]. Journal of Cleaner Production, 2020,247:119102.

[29] Tsujimoto M, Kajikawa Y, Tomita J, et al. A review of the ecosystem concept — Towards coherent ecosystem design [J]. Technological Forecasting and Social Change, 2018,136:49-58.

[30] 陈劲,阳银娟. 协同创新的理论基础与内涵[J]. 科学学研究,2012,30(2):161-164.

［31］ 杨育,李云云,李斐,等.产品协同创新设计任务分解及资源分配[J].重庆大学学报, 2014,37(1):31－38.

［32］ Lv B, Qi X. Research on partner combination selection of the supply chain collaborative product innovation based on product innovative resources ［J］. Computers & Industrial Engineering, 2019,128:245－253.

［33］ Jespersen K R. Crowdsourcing design decisions for optimal integration into the company innovation system ［J］. Decision Support Systems, 2018,115:52－63.

［34］ 罗仕鉴.群智创新:人工智能2.0时代的新兴创新范式[J].包装工程,2020,41(6):50－56,66.

［35］ Gemser G, Perks H. Co-Creation with Customers: An Evolving Innovation Research Field ［J］. Journal of Product Innovation Management, 2015,32(5):660－665.

［36］ Desmarchelier B, Djellal F, Gallouj F. Towards a servitization of innovation networks: a mapping ［J］. Public Management Review, 2020,22:1368－1397.

［37］ Pilinkiené V, Mačiulis P. Comparison of Different Ecosystem Analogies: The Main Economic Determinants and Levels of Impact ［J］. Procedia - Social and Behavioral Sciences, 2014,156:365－370.

［38］ Scaringella L, Radziwon A. Innovation, entrepreneurial, knowledge, and business ecosystems: Old wine in new bottles? ［J］. Technological Forecasting and Social Change, 2018,136:59－87.

［39］ Rong K, Hu G, Lin Y, et al. Understanding business ecosystem using a 6C framework in Internet-of-Things-based sectors ［J］. International Journal of Production Economics, 2015,159:41－55.

［40］ Presenza A, Abbate T, Cesaroni F, et al. Enacting Social Crowdfunding Business Ecosystems: The case of the platform Meridonare ［J］. Technological Forecasting and Social Change, 2019,143:190－201.

［41］ Van der Borgh M, Cloodt M, Romme A G L. Value creation by knowledge-based ecosystems: evidence from a field study ［J］. R&D Management, 2012,42(2):150－169.

［42］ Alaimo C, Kallinikos J, Valderrama E. Platforms as service ecosystems: Lessons from social media ［J］. Journal of Information Technology, 2020,35(1):25－48.

［43］ Zheng M, Ming X, Wang L, et al. Status Review and Future Perspectives on the Framework of Smart Product Service Ecosystem ［J］. Procedia CIRP, 2017,64:181－186.

［44］ Aarikka-Stenroos L, Ritala P. Network management in the era of ecosystems: Systematic review and management framework ［J］. Industrial Marketing Management, 2017,67:23－36.

［45］ Gupta R, Mejia C, Kajikawa Y. Business, innovation and digital ecosystems landscape survey and knowledge cross sharing ［J］. Technological Forecasting and Social Change, 2019,147:100－109.

［46］ Subramaniam M, Iyer B, Venkatraman V. Competing in digital ecosystems ［J］.

Business Horizons, 2019,62(1):83 - 94.

[47] Gomes L A d V, Facin A L F, Salerno M, et al. Unpacking the innovation ecosystem construct: evolution, gaps and trends [J]. Technological Forecasting and Social Change, 2018,136:30 - 48.

[48] Jacobides M G, Cennamo C, Gawer A. Towards a theory of ecosystems [J]. Strategic Management Journal, 2018,39(8):2255 - 2276.

[49] Roundy P T, Bradshaw M, Brockman B K. The emergence of entrepreneurial ecosystems: A complex adaptive systems approach [J]. Journal of Business Research, 2018,86:1 - 10.

[50] Zhang W, Shi Y, Yang M, et al. Ecosystem evolution mechanism of manufacturing service system driven by service providers [J]. International Journal of Production Research, 2017,55(12):3542 - 3558.

[51] Chae B. A General framework for studying the evolution of the digital innovation ecosystem: The case of big data [J]. International Journal of Information Management, 2019,45:83 - 94.

[52] Ding L, Ye R M, Wu J-x. Platform strategies for innovation ecosystem: Double-case study of Chinese automobile manufactures [J]. Journal of Cleaner Production, 2019, 209:1564 - 1577.

[53] Mukhopadhyay S, Bouwman H. Multi-actor collaboration in platform-based ecosystem: opportunities and challenges [J]. Journal of Information Technology Case and Application Research, 2018,20(2):47 - 54.

[54] Tura N, Kutvonen A, Ritala P. Platform design framework: conceptualisation and application [J]. Technology Analysis & Strategic Management, 2018,30(8):881 - 894.

[55] Schmeiss J, Hoelzle K, Tech R P G. Designing Governance Mechanisms in Platform Ecosystems: Addressing the Paradox of Openness through Blockchain Technology [J]. California Management Review, 2019,62(1):121 - 143.

[56] 梁昌勇,张恩桥,戚筱雯,等. 一种评价信息不完全的混合型多属性群决策方法[J]. 中国管理科学,2009,17(4):126 - 132.

[57] 刘满凤,任海平. 基于一类新的直觉模糊熵的多属性决策方法研究[J]. 系统工程理论与实践,2015,35(11):2909 - 2916.

[58] Lowe D, Espinosa A, Yearworth M. Constitutive rules for guiding the use of the viable system model: Reflections on practice [J]. European Journal of Operational Research, 2020,287(3):1014 - 1035.

[59] 王星汉. 面向复杂产品开发的多级供应商协同项目管理研究[D]. 上海:上海交通大学,2010.

[60] Grönroos C, Voima P. Critical service logic: making sense of value creation and co-creation [J]. Journal of the Academy of Marketing Science, 2013,41(2):133 - 150.

[61] Newman M E J. Scientific collaboration networks. II. Shortest paths, weighted networks, and centrality [J]. Physical Review E, 2001,64(1):016132.

［62］ Szabó G, Hauert C. Phase Transitions and Volunteering in Spatial Public Goods Games［J］. Physical Review Letters, 2002,89(11):118101.

［63］ Dwivedi G, Srivastava R K, Srivastava S K. A generalised fuzzy TOPSIS with improved closeness coefficient［J］. Expert Systems with Applications, 2018,96:185 - 195.

［64］ 刘尚,郭霄霞,韩刚,等.参数优化设计与 TRIZ 理论集成设计方法研究［J/OL］.机械设计与制造:1 - 8［2023 - 08 - 15］. https://doi. org/10. 19356/j. cnki. 1001 - 3997. 20230808. 001.

［65］ Li Z, Liu X, Wang W M, et al. CKshare: secured cloud-based knowledge-sharing blockchain for injection mold redesign［J］. Enterprise Information Systems, 2019,13 (1):1 - 33.

［66］ Geng X, Liu Q. A hybrid service supplier selection approach based on variable precision rough set and VIKOR for developing product service system ［J］. International Journal of Computer Integrated Manufacturing, 2015, 28(10): 1063 - 1076.

［67］ 张雪峰,杨育,于国栋,等.面向产品创新任务的协同客户利益分配机制［J］.计算机集成制造系统,2015,21(1):13 - 20.

［68］ 周国华,李施瑶,夏小雨.基于利益分配的复杂产品协同创新网络合作行为演化研究［J］.技术经济,2020,39(3):9 - 10,29.

［69］ 袁纯清.共生理论及其对小型经济的应用研究(上)［J］.改革,1998,(2):3 - 5.

［70］ 魏琼琼,罗公利.企业价值共创体系的价值创造能力涌现机理［J］.科技管理研究, 2019,39(13):131 - 140.

致谢

　　感谢大规模个性化定制系统与技术全国重点实验室、上海交通大学机械与动力工程学院卡奥斯新一代工业智能技术联合研究中心、国际数据空间（IDS）中国研究实验室、上海市推进信息化与工业化融合研究中心、上海市网络化制造与企业信息化重点实验室对本书的资助。

　　本书得到了国家自然科学基金面上项目（批准号：72371160）、大规模个性化定制系统与技术全国重点实验室开放课题［批准号：H&C－MPC－2023－03－01，H&C－MPC－2023－03－01（Q）］、上海市促进产业高质量发展专项（批准号：212102）的资助。